生物學家教你
認識人類不可或缺的鄰居

超圖解

微生物

圖鑑

小小身體有著巨大的力量！

這個世界上有許多好小好小的生物，得用顯微鏡才能看到。

它們統稱「微生物」，

維持著我們的生活、地球的生態系和環境的平衡。

微生物無所不在。

它們存在於街上、家中，也在我們的身體裡，

不管是森林、沙漠、深海中或是南極的冰裡都能發現微生物。

它們的種類多達一億種左右！包括動物和植物，

據說約有1000萬種，數量龐大！

另外，每個微生物的重量都很輕，

大約只有100萬分之一，

但是，如果把地球上全部的微生物加起來，

會比我們人類加上所有動物的總重量還要重呢！

不過，光是聽這些介紹，

讓我們一窺微生物的世界吧！

還是很難想像吧？

因為不管怎麼說，微生物太小了，

小到眼睛都看不到啊……。

於是這本圖鑑就把我們身邊常見的微生物

畫成可愛的模樣介紹給大家認識。

對於這些平常看不見卻真實存在的微生物，

現在就讓我們透過這本圖鑑

來看看它們的生態和小小身體裡，究竟藏著什麼樣驚人的力量吧！

廣島大學教授／長沼毅

CONTENTS
目 錄

 第1章 真菌

第2章 原生生物

第3章 細菌

地球上的氧氣是細菌製造的！

第4章 病毒

插畫家
HARAHi

以造型可愛的角色人物為主，為書籍、廣告、企業網站等繪製吉祥物，活躍於各領域的插畫家。

http://www.harahi.com

本書的使用方法

這本書把小到看不到的微生物化為卡通造型，
介紹它們的特性。微生物到底長什麼樣子？
存在什麼地方？有什麼作用？
你會有許多有趣的發現！
如果出現看不懂的生詞，
記得要查看用語解說那一頁喔！

P.10
什麼是微生物？
在這一頁告訴你！

雖然統稱「微生物」，可是好
像還是不太清楚。什麼是真
菌？什麼是病毒？有什麼差
別？先來看看這一頁的介紹
吧！

是好微生物還是壞微生
物就看這裡。

詳細解說微生物的特徵和
對我們人類的影響。

不論好菌或壞菌，都以插畫詳加解說！

從這裡可以知道微生物
的種類是真菌、原生生
物、細菌還是病毒。

這種微生物的名字。

經由生物學的專業研究得知
關於微生物的知識。

以卡通造型介紹微生物。充
分掌握了外觀的特徵。

解說微生物的外觀。

第3章
細菌

健康腸道少不了的好菌

乳酸菌

好菌

能把碳水化合物轉化成
乳酸的細菌。統稱為乳
酸菌。有動物奶裡的
「乳桿菌」和腸道裡的
「比菲德氏菌」等等，
種類多達100種以上。

你在哪裡？

我在人類或動物的腸子或
嘴巴裡，當然也住在牛奶
裡。其他還有味噌、醬油
等以乳酸發酵 P88 的
食品中。

身體細長如棒狀，
也有如相連球體的
類型。

保持腸道健康，
打造不輸給疾
病的身體！

46

在難懂的生詞後面標示出解說的頁數。

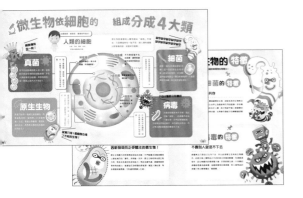

有不懂的生詞
就查用語解說！ P.86

出現第一次看到的字眼也不用擔心。
這裡有詳細的解說喔！

出現的微生物
也可以對照
「微生物一覽表」！ P.90

可愛的微生物朋友全都齊聚一堂！你
最喜歡哪一個？

和長沼老師的分身「小
毅」一起學習！

同類或有關聯的菌菌

好菌 比菲德氏菌 P.52

比菲德氏菌和乳酸菌一樣，都是在⋯
於腸道的好菌。但是比菲德氏菌只要接
觸空氣就會變弱，所以只能在腸道中存
活。除了乳酸，比菲德氏菌還會製造醋
酸和葉酸。

什麼乳酸菌是好菌？

⋯菌對人體健康所發揮的作用舉足輕重，像是
⋯人腸道的碳水化合物變成乳酸，並把腸道環
⋯造成不利於壞菌的酸性狀態。此外，還可以
⋯免疫力 ○P.89，緩和花粉症的症狀，促進
⋯蠕動不易便祕。

改變優酪乳的味道

大家都知道乳酸菌是製造優酪乳的菌
類，其實包含很多種類。而且隨菌種
⋯⋯⋯⋯⋯⋯⋯⋯⋯
酪乳的基礎是乳酸菌在牛奶中製造出
叫作「乳酸」的物質，而不同的乳酸
⋯在製造乳酸時，還會產生乳酸之外的其他物
這個差異就會讓優酪乳的口味出現變化。

介紹同類的微生物、共生的微生物，或
相剋的微生物等等。

長沼老師再多說一點！

幫我們
增加好菌

在人類的腸道中，好菌和壞菌就
像黑白棋一樣，數量互有消長。
乳酸菌進入腸子後，會製造乳酸
把腸道環境變成酸性，不利於壞
菌的生長。於是好菌的數量就會
多於壞菌，維持腸道的健康。

標示這個記號的微生物，在這一頁有
詳細的介紹。

微生物博士・長沼老師告訴你關於這種
微生物的趣聞，或未來等新鮮事。

⋯有優酪乳含有乳酸菌嗎？

⋯菌飲料和一些醬菜等的發酵 ○P.89 食品都含有
⋯牛奶當中也含有乳酸菌，但市售的牛奶在製
⋯必須消除其他不好的雜菌，所以連乳酸菌也被
⋯。不過，有標示「低溫殺菌」的牛奶或剛擠出來
⋯就含有很多乳酸菌。

介紹我們容易產生的疑問，或這種微生物
不為人知的力量。

微生物依細胞的

由細胞膜、細胞質、細胞核所組成。

人類的細胞

皮膚、牙齒、頭髮、肌肉
都是由細胞構成的喔！

細胞連接
在一起！

真菌

基本的細胞構造和人類一樣。但真菌只是很多相同的細胞相連，不像人類能製造出皮膚、骨頭等器官。這一點和人類大大不同呢！

除了細胞膜、細胞質、細胞核之外，外圍有人類沒有的堅硬細胞壁。

細胞質▶

製造身體的一部分或能量，有各種器官。

原生生物

即使只由單一種類的細胞構成，照樣能動能吃，擁有驚人的多種機能。而且，儘管沒有眼睛，還是能感知亮光，具有把光轉換成能量的特殊能力。

細胞的構造和人類一樣。不過，不同於人類，大多只由一個細胞構成，且能活動自如。

就算只有一個細胞也是了不起的生物！

組成分成4大類

微生物的身體和人類同樣由「細胞」所組成，只是構造各有一點不同，與人類的細胞比較看看的話，就能明白差異！

和人類的細胞相比非常單純！

◀細胞膜 不只能抵擋外在的危險，還具有連結外部和內部構造的功能。

◀染色體 藏著複製自己的設計圖。

◀細胞核 細胞的中心，當中有相當多染色體。

全身被細胞壁和細胞質覆蓋，染色體漂浮其中。

細菌

由單一細胞所構成，且能夠活動，這一點和原生生物非常像，但沒有細胞核，細胞質當中也沒有器官，構造相當簡單。不過因具有染色體，所以能靠複製增生。

只由2個部分所構成

病毒

DNA

病毒的身體非常不完整，因此不稱「細胞」，視病毒本身為一種生物。它們沒有細胞質，不能製造完整的器官，染色體也不完全，所以無法藉由複製增加數量活下去。

只由類似染色體的一部分和蛋白質的外殼所組成。

認識各種

雖然小到肉眼看不見，不過其實差異相當大！

四種微生物各有各的特徵和特性，

真菌的 特徵

製造孢子到處飛散！

真菌就是一般俗稱的黴菌，有能幫助製作食物的益菌，以及會引發疾病的壞菌。真菌伸展著如絲線般的「菌絲」，在尖端製造出孢子。這些孢子就像是真菌的種子，離開菌絲後就懸浮在空中，然後附著在各種東西上，繼續在那裡生長。

原生生物的 特徵

因新發現而正受關注的微生物！

原生生物最大的特徵是能夠自由活動。它們能靈活扭動身體或以類似尾巴的「鞭毛」來移動。另外，原生生物和其他微生物不同，有各式各樣的形狀和能力。有些如鞭毛蟲、破囊壺藻具有特殊的能力，能製造石油相關的新能源，幫助人類社會；有些壞蛋如瘧原蟲、弓形蟲則會讓人生病。

類微生物的 特徵

只要了解它們的差異，今天起你就是微生物博士！

細菌的 特徵

其實與人類共存

細菌雖然是體積小、構造簡單的生物，卻能在其他生物無法生存的地方存活，所以世界上到處都有它們的蹤跡。許多稱為「常在菌」的細菌存在於人體，其中有能守護人類健康的乳酸菌或比菲德氏菌等好菌，也有會引發蛀牙的轉糖鏈球菌等壞菌。

病毒的 特徵

不靠別人就活不下去

病毒無法只靠自己生存下去，所以必須寄生在其他生物體內，從宿主身上獲取自己不足的部分來增加數量。在這個過程中，該生物體內的壞病毒大增，於是就會生病。大多數的病毒都是像流感病毒、諾羅病毒等的壞病毒，對人類有益的病毒只有少數幾種，如「噬菌體」。

微生物在這裡喔！
在我們生活周遭的微生物

對人類有益的「好菌」和會引發疾病的「壞菌」平常都存在於我們周遭的環境。現在就讓我們來了解微生物的習性，學會跟它們好好相處！

森林

大自然的泉水、樹木當中都有微生物存在。落葉和動物的屍體都要靠微生物的作用化為土壤喔。

 小隱孢子蟲 P.43

放線菌 P.50

我們在這裡！

人潮

只要有人咳嗽或打一次噴嚏，空氣中就會飛散著許多病原菌。所以從人多擁擠的地方回到家時，要記得馬上漱口！

 流感病毒 P.68

鼻病毒 P.79

我們在這裡！

土地

有的微生物可以用來做成治病的藥，也有微生物從傷口進入體內後會使人生病。所以摸過泥土後，一定要洗手唷！

 放線菌 P.50

破傷風菌 P.60

我們在這裡！

房屋

食物當中可能藏著引起食物中毒的壞菌，或是讓食物變得更好吃的好菌，家裡也有各式各樣的微生物！

 O157型大腸桿菌 P.54

酵母菌 P.22

我們在這裡！

大氣

乍看之下什麼都沒有的空氣，其實也有各種微生物乘著風到處飄散。

 青黴菌 P.20

 納豆菌 P.48

我們在這裡！

海洋

據說一湯匙的海水當中，就有多達100萬種的微生物。海洋是微生物的寶庫。用顯微鏡觀察的話，可能會大吃一驚喔！

 藍綠藻 P.66

 諾羅病毒 P.70

我們在這裡！

野生動物

野生動物不像寵物一樣會注射預防針，守護人畜的健康，所以身上帶有很多病原菌，相當危險。

 狂犬病病毒 P.80

 巴通氏菌 P.81

我們在這裡！

河川

如果用顯微鏡觀察河水的話，會發現有許多微生物。尤其是受汙染的河川裡，有很多會導致疾病的壞菌，所以要注意。

 草履蟲 P.34

 幽門螺旋桿菌 P.62

我們在這裡！

公園

公園裡的蚊子身上常帶著病原菌。要做好預防措施，不要被叮到！另外，沙坑或遊具也可能藏著危險的壞菌，玩耍後要記得洗手清潔！

 茲卡病毒 P.74

 破傷風菌 P.60

我們在這裡！

行道樹

行道樹可說是都市當中僅有的大自然環境，這裡也有微生物。有許多鳥類棲息，鳥糞裡有壞菌，因此要特別當心。

 地衣類 P.32

 鸚鵡熱披衣菌 P.81

我們在這裡！

微生物也住在我們的身體裡！
人體當中的 微生物

不論是人類還是動物，從久遠以前就和身體裡的微生物共存。不過，小嬰兒剛出生時，體內幾乎沒有什麼微生物。而後隨著成長，逐漸有各種微生物棲息體內。其中有維持生命必要的好菌，也有後來變成壞菌的微生物。

胃

消化食物的胃酸雖然也會融解微生物，但是也有細菌能藏在胃壁裡。

 幽門螺旋桿菌 P.62

我們在這裡！

腸道

腸子裡住著許多微生物，有的微生物只能在腸道才能存活。好菌能幫助我們除掉壞菌，不過也有好菌會突然變成壞菌呢。

 乳酸菌 P.46

大腸菌 P.77

比菲德氏菌 P.52

我們在這裡！

泌尿器官

大部分的微生物會隨著尿液排出體外，不過當身體狀況不佳，有時微生物就會留在這裡搗蛋。

大腸菌 P.77

白色念珠菌 P.31

我們在這裡！

嘴巴

幾乎所有人身上都有蛀牙菌，但不是每個人都會蛀牙，因人而異。除此之外，口腔裡也有好菌喔。

乳桿菌　P.65

轉糖鏈球菌　P.64

我們在這裡！

寵物的身上也有很多微生物

大家身邊的動物身上也住著許多微生物。有些對動物有益的細菌傳染給人類的話，就會變成壞菌。所以摸過動物之後，一定要洗手喔！

皮膚

皮膚上有很多微生物。雖然平常相安無事，但有些病菌若是從傷口進入體內就會使壞。

白癬菌　P.30

黃色葡萄球菌　P.51

我們在這裡！

嘴巴・指甲

動物的唾液、指甲、毛上有很多壞菌。如果被咬、被抓傷，要盡快到醫院就醫。

八疊氏菌　P.81

巴斯德桿菌　P.59

我們在這裡！

糞便

有些頑強的病菌隨動物的糞便排出後，即使糞便乾掉仍能存活，所以要注意不要摸到。

曲狀桿菌　P.58

我們在這裡！

牛和馬能消化牧草都是靠微生物的幫忙

其實動物本身幾乎沒有消化牧草的能力。不過，有很多動物是草食性的對吧？其實牠們是借助微生物的力量。就像牛有四個胃，第一個胃裡住著幾種微生物，先由這些微生物分解堅硬的牧草後，牛再消化。

糞便

有些野生的鳥類是從國外飛來的，所以不知道牠身上帶有什麼樣的病菌。小心千萬不要摸到鳥類的糞便唷。

鸚鵡熱披衣菌　P.81

高病原性禽流感　P.69

我們在這裡！

生命的循環少不了
微生物的作用和維繫

地球上所有的生物都處在生命的循環之中。
而這個循環就是靠微生物來維繫。

吃死掉的生物 ➡ 分解 ➡ 延續下一個生命

地球上許許多多的生物在大自然當中互惠共生，取得一個平衡的狀態。而這個狀態要靠小小微生物們的支持才得以實現。凡是掉落地上的樹葉、昆蟲和動物的屍體都藉著微生物「腐化＝臭酸、壞掉」的作用，化為土壤的養分。於是，從營養的土壤裡，再度冒出植物的新芽，繼續成長茁壯。屬於微生物一族的蕈菇能

分解老朽倒下的大樹，重新化為泥土，慢慢花時間把死去的生命延續給下一個世代，因此自古以來蕈菇被視為「生命的終結與誕生的象徵」。微生物是地球上不可或缺的重要夥伴呢！

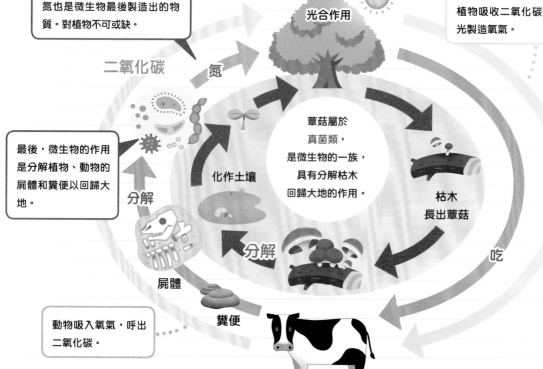

氮也是微生物最後製造出的物質。對植物不可或缺。

植物吸收二氧化碳，利用太陽光製造氧氣。

二氧化碳　　氮

光合作用

蕈菇屬於真菌類，是微生物的一族，具有分解枯木回歸大地的作用。

氧氣

最後，微生物的作用是分解植物、動物的屍體和糞便以回歸大地。

化作土壤

分解

枯木長出蕈菇

屍體

分解

吃

糞便

動物吸入氧氣，呼出二氧化碳。

第1章

真菌

主要以產生孢子的方式來繁衍的菌類，知名的真菌有蕈菇和黴菌。有些真菌會使食物逐漸腐壞，有些則可作為藥品的原料，還有些很棒的真菌，能協助製造味噌、醬油等食物。

成為抗生素「盤尼西林」原料的黴菌

青黴菌

好菌

黴菌的成員之一，種類多達300種以上，擁有擊退細菌 **▶P.87** 的成分。一旦附著到食物上增生的話，會長出如青綠色地毯般的菌落 **▶P.87**。

長在尖端的孢子 **▶P.89** 是青綠色的，所以被稱為「青黴菌」。

形狀像筆和掃把。

我能打倒細菌喔！

具有擊退細菌的能力。

你在哪裡？

我在潮濕的土壤裡和空氣中喔！我最喜歡水果、蔬菜、麵包、年糕之類的食物，只要附著到上頭，馬上就會長出一大片黴菌。

可入藥很出名！

青黴菌具有擊退致病細菌的能力，所以也被用來當作藥材。當感冒發燒時，醫院為病人施打一種叫作抗生素 **▶P.87** 的藥物，便是用青黴菌製造而成的。人類初次利用青黴菌製造出來的，是一種稱為「盤尼西林」的知名藥物。這個名稱就源自青黴菌的學名「Penicillium」。

> 黴菌能替人類治病，真是非常奇妙！

為什麼能治病？

青黴菌具有一種能力，能破壞細菌的表皮，稱為「細胞壁」 **▶P.87**。只要細胞壁一破掉，致病的細菌就無法增生，越來越衰弱，因此能夠治好疾病。

製作美味的起司

青黴菌不只能入藥，也被用來製作出美味的食物。像是歐洲自古利用青黴菌做成的「藍黴起司」就非常有名。青黴菌分泌的酵素 **▶P.87** 能幫助起司熟成，不過也有不能食用的青黴菌，要特別當心！

同類或有關聯的菌類

好菌 放線菌 **P.50**

放線菌是細菌，雖然種類和真菌不同，但也和青黴菌一樣，被用來做成各種藥物或當成工業製品的原料，對人類相當有幫助。現今，大部分的抗生素幾乎都是用放線菌做成的。

長沼老師再多說一點！

搭上太空梭，到外太空進行實驗！

如同青黴菌做出了抗生素，黴菌在科學的領域也相當活躍。有黴菌搭乘太空梭到達外太空，證實了黴菌的生理時鐘 **▶P.88** 在外太空也能正常運作。相信今後黴菌也能繼續幫助科學的進步！

能做出美味食物，於全世界廣泛使用

酵母菌

好菌

我會幫忙
做麵包和
釀酒！

常被用來製作麵包等食物的菌類。酵母菌分成兩種類，一種是從身體的一部分長出新芽的出芽酵母 ▶P.87，和另一種從中央分裂成兩個的分裂酵母 ▶P.89。

大多呈現圓形或橢圓形，體積大小約1/100公釐左右。

你在哪裡？

在大自然當中，存在於水果、樹液或土壤裡。我喜歡甜甜的食物和溫暖的地方（約30℃）。

做麵包和釀酒不可或缺

酵母菌在全世界廣為人知，因為製作麵包、葡萄酒或啤酒等常見的食物都會用到。這些食物都是藉由酵母菌的發酵 **▶P.89** 作用做成的。

「發酵」的原理是什麼？

> 酵母菌能讓食物更加好吃！

麵包之所以蓬鬆軟嫩，是因為酵母菌吃掉麵團裡的糖分，在麵包中排出很多二氧化碳的緣故。還有，釀葡萄酒是把葡萄的糖分轉化成酒精而成，啤酒則是利用麥芽添加澱粉產生的糖分所製成。另外，酵母菌在越少氧氣的狀態越活躍，所以葡萄酒和啤酒都是在密閉的容器當中釀造而成。

與人類的關係久遠

我們已知人類早在4000年前就開始製造麵包、葡萄酒和啤酒。如今已有許許多多的微生物和人類的生活息息相關，成為食物、藥品等等，不過酵母菌或許可說是人類最早開始利用的微生物。

同類或有關聯的菌類

好菌 😊

日本麴菌 P.24
根黴菌
泡盛麴黴

這三種菌都和酵母菌一樣，是能藉發酵作用讓稻米、水果或豆類變成其他食物的代表。其他還有屬於細菌 **▶P.87** 一族的乳酸菌 **▶P.46** 以及納豆菌 **▶P.48** 也能幫助人類做出好吃的食物。

長沼老師再多說一點！

酵母菌和人類很像？

酵母菌擁有和人類十分相似的基因 **▶P.86**，所以有一些癌症的療法或開發新藥的實驗，會以酵母菌代替人類，把致病的基因置入酵母菌裡進行研究。

日本人飲食中不可或缺的黴菌

日本麴菌（米麴）

好菌

分類上是麴黴屬，也就是能製麴的黴菌同類。在麴黴屬當中，分解蛋白質和澱粉的能力特別強是其特徵，對製造食物和藥物很有幫助！

我能把白米和黃豆變成酒和味噌喔！

聚集在米飯上時，看起來軟綿綿的。

伸展著菌絲 ▶P.86 與其他同伴相連。

你在哪裡？

懸浮在空氣中，隨風飛散到各處。如果掉到煮好的米飯上，就會在那裡長出菌絲棲息。

可以製藥、釀造醬油

日本酒、醬油、味噌，日本最具代表性的三大食品都是靠日本麴菌做成的。其他還有胃藥的成分「澱粉酶」，以及甜味的來源「葡萄糖」等等，日本麴菌對於製造大家生活上的各種物品，可說是功不可沒。

是和食中必備的菌種。

怎麼製造出來的？

日本麴菌擁有能把食物變成其他不同東西的酵素 ▶P.87。釀酒時，稱為「澱粉酶」的酵素會把稻米的澱粉分解成甜味的來源「糖分」。而釀造醬油時，主要由另一種叫「蛋白酶」的酵素，把黃豆的蛋白質變成鮮味成分「氨基酸」。

同類或有關聯的菌類

好菌
壞菌

根黴菌

日本以外的亞洲地區要釀酒或使黃豆發酵 ▶P.89 製作食品時，則使用這種菌類。不過，在日本根黴菌會在蔬菜等食物的表面形成像蜘蛛網般的菌絲，反倒以麻煩聞名。

並非只有益處？

雖說日本麴菌對人類很有幫助，但畢竟是黴菌，故也會讓米飯或橘子腐敗。而且，日本麴菌所屬的種類為「麴黴屬」，而基本上幾乎所有麴黴都具有製造毒素的基因 ▶P.86，會危害人類。不過，日本麴菌不帶有毒的基因，所以不會製造毒素。

長沼老師再多說一點！

代表日本
最正統的菌類？

日本麴菌儘管在日本廣泛受到利用，不過在外國卻幾乎沒有這種菌，加上對日本來說不可或缺，因此被指定為「國菌」。我們聽過「國技」、「國鳥」這些稱呼，但可能只有日本選出了代表國家的「菌類」呢！

能製造出很酸的檸檬酸的黴菌

黑麴黴

好菌
壞菌

黑麴黴是麴黴屬的黴菌之一。雖是對人類有助益的黴菌,但如果進入到肺部,也可能讓人生病。

外形有點像蒲公英的絨毛,前端有黑色的孢子 ▶P.89 。

烏漆墨黑的
外表
很酷吧?

你在哪裡?

飄散在空氣中,耐熱,喜歡潮濕的地方,所以常在加濕器或冷氣機裡增生。

叢生的話就會像一大片黑色的地毯,所以名字才叫「黑麴黴(Aspergillus niger,niger＝黑)」。

如何被利用？

到處都有黑麴黴，工廠和研究室用它來製造對人類有助益的東西。其中之一就是「檸檬酸」，可以為果汁、食物增加酸味，也可以做成幫助身體恢復元氣的藥品或清潔劑等，是廣泛受到利用的重要之物。以前是用檸檬做成，但現在幾乎都改用黑麴黴製造。

同類或有關聯的菌類

壞菌 **煙麴黴**

P.89 煙麴黴和黑麴黴同為麴黴屬，是特別有名的壞菌。它是會導致嚴重肺炎的病原菌，也是造成過敏的原因。

有什麼特殊的能力？

對我們的生活等各方面都很有幫助喔！

黑麴黴的厲害之處是擁有一種特別的酵素 **P.87** 。「檸檬酸」就是靠這個酵素製作而成，而且還能由此再做出其他種類的酵素。完成的酵素可以製成幫助消化的胃藥，或是讓果汁呈現透明的藥物，變成各式各樣對人類有幫助的東西。

好菌壞菌 **泡盛麴黴**

和黑麴黴相當相似的種類，能製造出殺菌力更強的檸檬酸。因此，在沖繩等濕度高容易使壞菌生長、不適合釀酒的地方，就利用這種菌類來釀酒。

真的會讓人生病嗎？

黑麴黴進入健康的人體內，幾乎不會有什麼影響，但若是身體衰弱或有慢性病的人，一旦吸入可能會造成疾病。除此之外，黑麴黴若是附著到食物或室內的牆壁上，可能會長出一大片黑黴，所以也是一種有點麻煩的黴菌。

自古存在於自然界的頑強黴菌

黑黴菌

壞菌

用顯微鏡仔細觀察的話，會看到上頭附著黑色或暗綠色的孢子 **▶P.89**。

空氣中數量最多的黴菌種類。喜歡濕氣重的地方及採收下來的蔬果等。要是附著到麵包或水果，馬上就會長出很多黴菌。

我最喜歡
有水和
潮濕的地方！

形狀如棒狀，像香腸一樣的增加。

你在哪裡？

泥土裡、空氣中，世界各地到處都有我的蹤跡。尤其在住家裡頭也有非常多喔！在潮濕、溫度20℃以上的環境，我就會變得很活躍。

菌絲 **▶P.86** 也是黑色的，叢生在一起，看起就是一片黑，所以叫作「黑黴菌」。

浴室裡看到的黑黑的地方！

浴室的磁磚縫隙裡常看到黑黑的髒汙，其實就是黑黴菌。在潮濕溫暖的地方，黑黴菌會變得精力旺盛，長成一大片。換句話說，浴室和廚房是它最喜歡的地方。而且不只是看得到的地方，菌絲還會往深處生長，只擦一擦表面是無法完全去除黑黴菌的！

> 難以輕鬆去除，是很頑強的傢伙！

如何消滅黑黴菌？

首先是乾燥，不要創造黑黴菌喜歡的潮濕環境。還有，黑黴菌長出的孢子會隨風飄到別處生長，所以最好快一點處理。要去除黑黴菌，一種消毒用的甲醇酒精很有效，能破壞黴菌身上的蛋白質。另外，市面上也有販售除黴噴霧，可破壞黴菌的細胞。

不會完全絕跡？

頑強的黑黴菌自古就存在於大自然，而且為數眾多，能去到任何地方。所以，無法完全阻止它沾到食物上或是吸進人體肺部。為了保護珍貴的書籍文獻不要發黴，只能先除菌後密閉保管。

同類或有關聯的菌類

好菌壞菌 **黑麴黴** P.26

黑麴黴也是會進入房子內生長的黴菌，所以有時也統稱為「黑黴菌」。不過，黑麴黴是麴黴的一種，對人類有所助益。雖然看起來很像，但和黑黴菌是完全不同的種類。

壞菌 **赤黴菌**

浴室裡常見粉紅色、滑溜溜的髒汙就是赤黴菌的集團。雖然不會對人體帶來危害，但外觀和觸感有點令人噁心吧？

附著在人體或動物皮膚上的黴菌

白癬菌

壞菌

圓圓的孢子 ▶P.89
各自分開,逐漸增加
同伴。

造成「白癬」這種病的黴菌種類之一,尤其特別會傳染給人類,也是一般俗稱「香港腳」的病原菌。除了人類以外,動物也會得病。

在腳底或手掌上,
大家的身上可能也
有!?

我最最喜歡
濕濕的
腳底!

你在哪裡?

土壤、空氣中有很多。若是附著在潮濕的皮膚上,就會從傷口或一點點的縫隙中進入體內增生,不過無法生長在乾燥的皮膚上。

為什麼偏好人類的皮膚？

白癬菌以人類皮膚上一種叫「角蛋白」的成分為養分而滋長，皮膚、頭髮也是由角蛋白所構成，所以正好適合當作白癬菌的棲地。白癬菌喜歡潮濕溫暖的地方，所以覺得常穿著襪子又濕濕的腳底住起來很舒適！白癬菌一增加，就會使皮膚發癢，並長出水泡或是變白。這就是我們俗稱的「香港腳」。

在乾燥的皮膚上，就不會增加喔。

怎麼治療？

由於是黴菌所導致的疾病，要使用名為「抗真菌藥 ▶P.86」的抗生素 ▶P.87 來治療。藥局也有在販售塗抹用的軟膏。但也有皮膚病並非由白癬菌所引起，所以還是要看醫生比較好。

要注意擦腳墊！

只要有家人罹患香港腳，浴室的擦腳墊上就一定有白癬菌，很容易傳染給其他人。不過，不用擔心！就算沾到了白癬菌，只要你腳底的皮膚是乾燥的，自然就會脫落。所以平常光著腳的小朋友不太會得香港腳，而平常總是穿著襪子工作的爸爸，就很容易得到香港腳。

同類或有關聯的菌類

壞菌　白色念珠菌

酵母菌的同類，也是人體上的常在菌 ▶P.88 之一。當身體的狀態衰弱時，就會引起發癢或發炎。白癬菌只長在皮膚接觸到空氣的部位，但白色念珠菌可以長在口腔等的黏膜上。

長沼老師再多說一點！

被水裡的蟲子叮到了？

從前，由於種田的農夫腳底總是濕濕的，因此白癬菌讓很多人覺得「腳趾癢的不得了」。不過，當時的人以為那是因為被水裡蟲子叮到的關係，所以香港腳以前也被稱為「水蟲」。

知道嚇一跳！"菌" 不可思議！

獨特又奇妙的生命體！地球上的地衣類

你有沒有看過樹幹或岩石上，附著有點像紙還是樹葉的薄薄植物呢？乍看之下好像是植物，其實是叫作「地衣」的真菌類 ●P.88 。地衣之所以看起來像植物，是因為黴菌等的真菌附在藻類上生存的關係。真菌給予只能活在有水地方的藻類水分，藻類則進行光合作用 ●P.86 給予真菌養分。換句話說，真菌和藻類是互惠共生的。它們是強力的組合，不管是地面上、森林中，甚至都市中心的水泥牆，抑或氣候嚴寒的北極和南極，都能夠適應生存、長出菌絲 ●P.86 。儘管地衣類的生命力如此強韌，但其實它們對空氣汙染很敏感，在汙染太嚴重的地方就會死去。所以，人類有時會把地衣種植在車來車往的道路旁，藉以監測空氣汙染的程度。

為了讓地衣今後也能夠持續在地表上蔓延，我們要好好愛護地球喔！

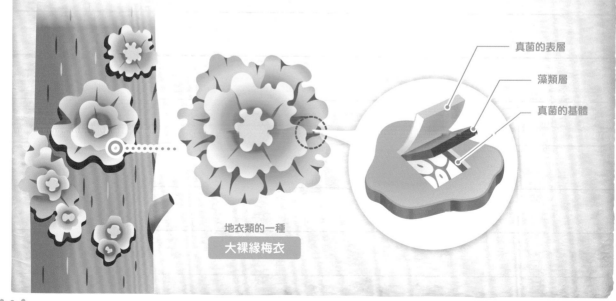

地衣類的一種
大裸緣梅衣

真菌的表層

藻類層

真菌的基體

第2章 原生生物

大多是像草履蟲、眼蟲等等，以一個細胞構成的單細胞生物。由於容易取得和觀察，因此常常出現在課本上。它們可是未來備受期待的新能源之一喔！

微生物界知名度最高的名人!?

草履蟲

好菌

別人總是說我非常年輕唷~

課本上大家常見的知名人物。一如其名,草履蟲的外形看起來像草鞋,廣泛運用於做研究和學習。此外,它能辨識出毒物,還能無限產生分身,擁有驚人的能力。

能夠運用身上的纖毛 **P.88** 游泳移動。速度是微生物界的冠軍等級!

貌如其名,長得像草鞋。

你在哪裡?

我在河底、水田、路邊的水溝裡等,有點髒髒的水裡。

體積約1/5公釐,在微生物當中,算是相當大的了。

為什麼常出現在課本上？

草履蟲雖是單細胞生物，但身上具備嘴巴、喉嚨、肛門、進食用的口溝、纖毛等器官，算是高度且複雜的微生物。儘管如此，在我們身邊的池塘、沼澤就能輕易發現很多草履蟲。且就體積而言，用學校的顯微鏡也足以觀察到它的姿態，所以非常適合用來當作學習微生物的教材。

> 不管是外形還是移動的樣子都讓人百看不厭。

真的有特殊的能力嗎？

草履蟲沒有眼睛，卻能聚集到有亮光的地方，或者遠離酸性、鹽分等對身體有害的物質，只要部分的身體稍微接觸一下，就能感知附近有沒有危險。簡直就像有超能力一樣！

同類或有關聯的菌類

好菌
鐘形蟲

鐘形蟲也和草履蟲一樣常被用來研究與學習。鐘形蟲的外形有點像倒過來的吊鐘，只要稍微刺激一下前端的纖毛，就會馬上縮起來。這個速度可是生物界第一！

兩種細胞核的功能

草履蟲擁有大核  ▶P.88 和小核 ▶P.87 2種細胞核 ▶P.87 。大核具有生存所需的基本機能，當草履蟲把自己的身體分裂成一半、增加數量時，就會用到大核。而小核則可以和其他基因 ▶P.86 不同的草履蟲交換，重生成為全新的草履蟲。在缺乏食物，或棲地的水太髒時，草履蟲就會重生，讓自己變得更強。

長沼老師再多說一點！

草履蟲能長生不老!?

草履蟲能分裂自己身體的次數有限，最多大約是700次，一旦超過就會死亡。不過，只要和其他草履蟲交換一部分的小核，這個極限就會重新設定，又能再度分裂700次。所以草履蟲只要定期交換小核，就能永續不斷增加，真的可說是長生不老呢！

也是備受矚目的健康食品！

眼蟲

:) 好菌

> 我是植物
> 還是動物
> 呢？

眼蟲屬的一種，學名是 Euglena（Eu＝美麗的、glena＝眼睛）。雖然有些特性近似植物或藻類，但也是動物。對此，科學家進行各種的研究，希望能利用它高度的機能提出貢獻。

使用鞭毛 P.89 移動。

紅色的部位被稱為「眼點」。這一帶有能感知附近光源的偵測器，可以一起達成類似眼睛的功能。

你在哪裡？

我在湖泊、河川、田地或池塘等淡水裡。基本上只要有二氧化碳、水和陽光就能存活。我吸收二氧化碳的能力很強，所以不管在濃度多高的二氧化碳之中，都能夠活下去。

擁有植物的特徵「葉綠素 P.89 」。

是動物還是植物？

眼蟲和植物一樣擁有葉綠素，能夠進行光合作用 P.86 從太陽光獲得養分。一般而言，植物無法自己移動，但眼蟲卻可利用鞭毛來移動。所以它既是植物也是動物，是一種相當受矚目的特殊生物。

同時擁有兩者的特徵，真是不可思議！

為什麼對人類有幫助？

眼蟲具有人體不可或缺的營養素含維生素、礦物質等約60種。蔬菜等植物的營養素因受到細胞壁的保護，導致人類就算吃下肚也難以完全吸收。反觀也是動物的眼蟲，所有的營養都集中在一個沒有細胞壁的細胞裡，有利人體吸收，所以也常被做成健康食品。

同類或有關聯的菌類

好菌

無色眼蟲

算是眼蟲的同類，只不過在演化的過程中，不再帶有葉綠素了。也就是說，它是沒有葉綠素的眼蟲，就像兄弟姊妹一樣。

未來的新能源？

眼蟲的身體在吸收二氧化碳的同時會製造出油分。目前有科學家正在研究能不能使用這種油來發動車子或飛機。一般來說，發動汽車的石油經燃燒利用之後，會產生很多二氧化碳。然而，若能使用眼蟲製造的油當作動能的話，將會是更環保的能源。

長沼老師再多說一點！

未來的生活，眼蟲是主角？

現在話題性十足的眼蟲，除了可當作能源利用之外，更含有豐富的營養，能幫助人體排出多餘的膽固醇和脂肪，還具有美容保健的功效。眼蟲在未來，也許會扮演我們生活中不可或缺的角色。

寄生於貓科動物上的新月形寄生蟲

弓形蟲

壞菌

我躲在貓的糞便裡喔！

弓形蟲是會引發疾病的寄生蟲 ▶P.86 之一。幾乎寄生於所有的哺乳類和鳥類體內，其中又以貓科動物最常見，而且只有在貓科動物的腸子裡，會變形成一種堅硬的球殼體，稱為「卵囊」。

新月形的身體。

你在哪裡？

在卵囊的狀態下，躲在泥土或貓科動物的糞便裡。由於受到卵囊堅硬的外殼所保護，因此能這樣活上好幾個月。

進入人或動物體內之後，就會從卵囊破殼而出。

弓形蟲感染症是什麼病？

如果弓形蟲寄生到人或動物身上，便會引發「弓形蟲感染症」。健康的人就算感染也幾乎不會有什麼症狀，但兒童或身體虛弱的人要是感染，可能會引起重症。隨寄生的部位不同，會發生肝炎、肺炎、心肌炎等，神經也可能因此受損。另外，孕婦若於懷孕前6個月～懷孕中初次感染，便會傳染給肚子裡的胎兒，使小嬰兒一出生就帶病，甚至造成死胎。

> 兒童和孕婦要特別注意的寄生蟲！

養貓很危險嗎？

弓形蟲不只寄生在流浪貓，也會寄生在寵物貓的身上。不過，只要小心處理貓的糞便就不用害怕。如果摸到糞便或在清理貓糞後，記得馬上洗手就不用擔心了！

預防感染

摸過土壤後，好好洗手很重要。此外，生肉上也可能有弓形蟲，要確實煮熟才能吃。烹煮後也要徹底清潔摸過肉的雙手和調理器具。不過，只要感染過一次弓形蟲，就能一生免疫 **P.89**，幾乎大部分的人都不會變成重症。

同類或有關聯的菌類

壞菌 **狂犬病病毒** P.80

如同弓形蟲感染症，雖然身邊的動物可能傳播病毒，但有打過預防針的寵物不用擔心會感染。如果接觸了野生動物，要記得好好洗手喔！

壞菌 **沙門氏菌**

藏在生肉或生蛋上，吃下會引發食物中毒 **P.88**，因而名聲響亮，不過也可能經由寵物等動物傳染喔。

也許未來能發動飛機！

破囊壺菌

破囊壺菌和昆布、海帶芽一樣是藻類，卻不含有葉綠素 ▶P.89，所以不是綠色的。細胞中具有和胡蘿蔔一樣的成分「胡蘿蔔素」，有時它的身體會呈現橘色，因此英文學名「Aurantiochytrium」中才有「橘子（auranti）」的語意。

我的油要是能幫助地球就太好了！

透明的球體。

身體幾乎都是油構成。

你在哪裡？

我住在熱帶和亞熱帶地區的海中，也曾在日本沖繩海邊的紅樹林根部被發現。

可以取代石油!?

破囊壺菌體內有一種叫「鯊烯」的油，近年來人們寄望用它來取代石油。以往也有研究嘗試從藻類中萃取油，不過破囊壺菌增生的速度快，能在短時間內產出更多的油，所以是備受期待的新能源。

是以微生物所製作的生質燃料之一。

是藻類卻不行光合作用？

破囊壺菌雖是藻類，但因不含葉綠素，所以不行光合作用 P.86 。取而代之的是以食物殘渣、動物的屍體等有機物為養分，也就是說，破囊壺菌具有淨水的功效，加上如果能成功萃取出油的話，真是對人類、地球都很環保的生物。

雖然叫「壺菌」卻不是黴菌！

破囊壺菌一族雖然是藻類，但因為有和黴菌相似的地方，所以名字才叫「破囊壺菌」。不過，另外還有其他也稱為「壺菌」的黴菌，例如會使青蛙生病的「蛙壺菌」就很有名，真是有點複雜。

同類或有關聯的菌類

好菌 **眼蟲** P.36

眼蟲和破囊壺菌一樣，身上帶有非常多油。所以眼蟲也是未來新燃料的候補之一，科學家正在進行相關研究。

長沼老師再多說一點！

未來新能源的趨勢

目前已有實驗利用破囊壺菌所產的油來發動汽車，只是還難以完全實現。從讓破囊壺菌增生的方法到如何有效萃取油分等等，各種研究還在進行中。

藉由蚊子傳播的兇惡寄生蟲

瘧原蟲

壞菌

這是一種會寄生在脊髓動物的紅血球中引發感染症的寄生蟲 ▶P.86 。由蚊子傳染給動物，或是從遭感染的動物再傳給叮咬的蚊子，反覆交替。現在，我們已知有「惡性瘧原蟲」、「三日瘧原蟲」、「間日瘧原蟲」、「卵形瘧原蟲」、「諾氏瘧原蟲」，共5種瘧原蟲。

我能變身成各種姿態喔！

你在哪裡？

大部分是球狀的形體，隨成長的階段和環境的不同，可變成新月形、短帶狀，或帶鋸齒的卵形。

我不是寄生在熱帶、亞熱帶的動物身上，就是在疫區吸食被寄生的動物血液的病媒蚊「瘧蚊」體內。

為什麼蚊子會傳播瘧疾？

蚊子不只吸食血液，也會在被吸血的動物身上留下唾液，而瘧原蟲就躲在蚊子的唾液裡。瘧原蟲進入人體後，會寄宿在肝臟增生，引起發燒、倦怠感、關節痛等類似感冒的症狀。若是感染了惡性瘧原蟲，甚至可能導致死亡。

地球暖化使瘧疾擴散？

散播瘧原蟲的瘧蚊棲息在有水且終年高溫的叢林裡，所以本來只侷限在熱帶雨林裡。但是，受地球暖化的影響，高溫的區域變廣，除了原來的東南亞之外，日本也有發現瘧蚊。

避免被蚊蟲叮咬是最好的預防措施！

同類或有關聯的菌類

小隱胞子蟲

壞菌

小隱胞子蟲會寄生在人或動物體內，進入腸道後，引起腹痛和腹瀉。這種寄生蟲曾在日本因自來水或食品等被汙染而引發集體食物中毒。

日本的瘧疾患者增加？

雖然日本也有非常多瘧蚊，但並不代表瘧原蟲也增多了。目前罹患瘧疾的病人都不是在日本感染，全都是在國外，因此在日本得到瘧疾的機會非常低。不過，注意不要被蚊蟲叮咬，也能預防其他的疾病。

痢疾阿米巴蟲

壞菌

從人的嘴巴進入腸道後就會開始作亂的一種阿米巴寄生蟲 ▶P.86 。感染途徑是食用了不乾淨的水或食物，會引起腸子發炎，造成血便。

知道嚇一跳！"菌" 不可思議！

這樣也叫「微」生物？也有非常巨大的微生物

顧名思義，「單細胞生物」就是指由一個細胞所構成的生物。雖然只有一個細胞，卻能移動也能進食，是非常奇妙的生物。其中以草履蟲 **▶P.34**、阿米巴原蟲 **▶P.86** 最為有名，大部分的單細胞生物體積小到肉眼看不見，幾乎都只有1公釐以下。不過近來人類發現了令人難以置信的單細胞生物，一種叫「巨型阿米巴蟲（Xenophyophore）」的原生生物 **▶P.86**。它的體積直徑竟約達20公分以上！如一顆足球般的大小。它生長在9000公尺以下的深海裡，是近期才被人類發現存在的原生生物。雖然以前也曾發現的部分殘骸，但沒人相信這是單單一個細胞構成的。為什麼會這麼大呢？目前仍是充滿謎團的生物。

除此之外，大型的單細胞生物還有生活在珊瑚礁淺灘、如錢幣形狀的原生生物「有孔蟲（Marginopora）」，其直徑約有1公分。就一般的單細胞生物來看，體積也相當大呢。

附帶一提，地球上最大的生物是在美國發現的真菌 **▶P.88**，一種名叫「奧氏蜜環菌（Armillaria ostoyae）」的蕈菇。乍看之下會以為只是小山上隨處生長的尋常蕈菇，但其實這種蕈菇的菌絲 **▶P.86** 相連如一座小山，而被視為同一個生物。它的體積約有684個東京巨蛋大，相當的驚人，已經不能算是微生物，應該是巨大生物才對！

草履蟲　阿米巴蟲　有孔蟲　巨型阿米巴蟲

0.5mm　1 mm　1 cm　20cm

第3章

細菌

其實我們的身邊充滿了細菌！不僅如此，就連我們的皮膚、身上，還有口中都住著細菌，發揮著各種作用。有些細菌會使壞讓人生病，但也有人們不可或缺的細菌喔！

健康腸道少不了的好菌

乳酸菌

好菌

能把碳水化合物轉化成乳酸的細菌，統稱為乳酸菌。有動物奶裡面的「乳桿菌」和腸道裡的「比菲德氏菌」等等，種類多達100種以上。

你在哪裡？

我在人類或動物的腸子或嘴巴裡，當然也住在牛奶裡。其他還有味噌、醬油等等以乳酸發酵 P.88 的食品中。

身體細長如棒狀，也有如相連球體的類型。

保持腸道健康，打造不輸給疾病的身體！

為什麼乳酸菌是好菌？

乳酸菌對人體健康所發揮的作用舉足輕重，像是把進入腸道的碳水化合物變成乳酸，並把腸道環境打造成不利於壞菌的酸性狀態。此外，還可以增強免疫力 P.89，緩和花粉症的症狀，促進腸道蠕動不易便祕。

改變優酪乳的味道

> 依菌種的不同，味道也不一樣！

大家都知道乳酸菌是製造優酪乳的菌類，其實包含很多種類。而且隨菌種的不同，優酪乳的味道也不一樣。優酪乳的基礎，是乳酸菌在牛奶中製造出叫作「乳酸」的物質，而不同的乳酸菌種在製造乳酸時，還會產生乳酸之外的其他物質，這個差異就會讓優酪乳的口味出現變化。

只有優酪乳含有乳酸菌嗎？

乳酸菌飲料和一些醬菜等的發酵 P.89 食品都含有乳酸菌。牛奶當中也含有乳酸菌，但市售的牛奶在製程中必須消除其他不好的雜菌，所以連乳酸菌也被殺死了。不過，有標示「低溫殺菌」的牛奶或剛擠出來的鮮奶中就含有很多乳酸菌。

同類或有關聯的菌類

好菌 **比菲德氏菌** P.52

比菲德氏菌和乳酸菌一樣，都是在活躍於腸道的好菌。但是比菲德氏菌只要接觸空氣就會變弱，所以只能在腸道中存活。除了乳酸，比菲德氏菌還會製造醋酸和葉酸。

長沼老師再多說一點！

幫我們增加好菌

在人類的腸道中，好菌和壞菌就像黑白棋一樣，數量互有消長。乳酸菌進入腸子後，會製造乳酸把腸道環境變成酸性，不利於壞菌的生長。於是好菌的數量就會多於壞菌，維持腸道的健康。

自古以來和日本人是老交情

納豆菌

好菌

納豆菌正式的名稱是枯草桿菌（Bacillus subtilis），學名帶有「細小的棒子」的意思，所屬的芽孢桿菌屬泛指枯草或稻草上的菌類，能把落葉和枯草分解成土壤。納豆菌由於有讓土壤變肥沃的功能，因此也被用來做成園藝用商品。

形狀像是細長的棒子。

我能把納豆變得黏答答的，很好吃喔！

你在哪裡？

除了在土壤裡，也在植物上，尤其喜歡稻草。日本的傳統納豆之所以包在稻草裡，就是因為以前的人會用稻草上的納豆菌來製作納豆。

會製造耐熱的外殼，所以可以耐得住其他細菌受不了的100℃高溫。

納豆菌的作用

顧名思義，納豆菌就是製作納豆的菌類。納豆菌只要一附著到黃豆上，就會製造一種消化酵素 ▶P.88 「麩胺酸」。麩胺酸的構造像鎖鍊般互相連結，於是也是鮮味來源的「聚麩胺酸」就成了黏答答的絲線。這就是納豆周圍出現黏液的原因。除此之外，納豆菌還會製造出另一種酵素 ▶P.87 「納豆激酶」，這種酵素只有納豆菌能產生，因具有淨化血液的功能，故納豆也是備受矚目的健康食品。

同類或有關聯的菌類

炭疽桿菌

壞菌

炭疽桿菌和納豆菌都是芽孢桿菌屬的同類。炭疽桿菌能藉吸入、從傷口或是沾在食物上進入體內，會散發殺死細胞的毒素，使人類及動物生病。一旦感染，甚至可能導致死亡的可怕細菌。

納豆菌最喜歡黃豆？

其實納豆除了黃豆以外，也能附著在黑豆或玉米上，製造出聚麩胺酸等成分。不過，納豆菌還是和黃豆最合適，所以用黃豆來製作納豆最好吃。

長沼老師再多說一點！

會飛的納豆菌？

金澤大學的研究團隊用飛機和氣球調查懸浮空中的黃砂時，在3000公尺以上的高空發現了納豆菌的同類。於是拿來和黃豆混在一起試試看，沒想到就做出好吃的納豆了！這種納豆現在叫作「空中納豆」，是有在販售的商品喔！

黏答答不見了？

納豆菌製造出來的聚麩胺酸其實是自己要吃的儲糧。買來的納豆放在冰箱裡過一陣子才吃，會發現不論怎麼攪拌都不太黏吧？那是因為納豆菌把聚麩胺酸吃掉囉！

因大村智博士得諾貝爾獎而大受矚目

放線菌

好菌

我對全世界的人都很有幫助唷！

1943年，瓦克斯曼博士發現了能擊退結核菌的放線菌。因此得以製造出能夠殺死壞菌的知名藥物「鏈黴素」。

細胞如真菌 ▶P.88 般會長出菌絲 ▶P.86 ，像線一樣伸展。有些會長成像蜘蛛網，所以才叫作放線菌。

身體呈捲曲的螺旋狀或如樹枝般延伸，依種類的不同有各種形態。

你在哪裡？

我主要住在泥土裡，能分解樹葉和動物的屍體，使其回歸土地。

能製作各種藥物的超級細菌！

放線菌擊敗壞菌的能力很強。因此，放線菌被用來做成許多種抗生素 **▶P.87** 。最初因發現它能擊退結核菌而製造出「鏈黴素」這種藥物。之後，又做出另一種名為「萬古黴素」的藥，能醫治黃色葡萄球菌所引起的食物中毒 **▶P.88** ，還有獲頒諾貝爾獎的大村智博士發現了放線菌，研發出「阿維菌素」，用來治寄生蟲感染症。

造福、拯救了許多人喔！

放線菌也活在人類的嘴巴或腸子裡!?

雖然和泥土裡的放線菌種類不同，但其實放線菌也是人類口腔和腸道裡的常在菌 **▶P.88** 之一。平常並不會搗蛋，不過當體力不佳或皮膚有傷口時，偶爾會進入人體細胞內，引發「放線菌症」的疾病。

放線菌的研究還在進行中

目前已知的放線菌有1000種以上，至於它們究竟有什麼能力，其實人類所知不多，而已經用來製藥的放線菌是否還有其他功能，也還在研究當中。據說世界上仍存在著許多未知的放線菌，也許將來還會有驚人的大發現。

同類或有關聯的菌類

壞菌 黃色葡萄球菌

黃色葡萄球菌是種強力的細菌，有時連抗生素也殺不死。如此一來，病人難以治癒，所以科學家每天都在進行研究以開發出新藥。

長沼老師再多說一點！

泥土的氣味就是放線菌的氣味

放線菌因大村博士獲得諾貝爾獎而受到人們的關注。雖然博士是在高爾夫球場發現了放線菌，不過其實我們身邊的泥土裡也一定有放線菌。你有沒有聞過泥土的氣味呢？尤其在下過雨後會特別明顯，那個氣味就是放線菌製造出來的！

大家腸道裡的保鑣

比菲德氏菌

好菌

> 雙歧桿菌屬當中約30種菌類統稱為比菲德氏菌。是人類腸道中最多的菌種，有1～10兆個之多。人類和動物腸道中的比菲德氏菌種並不一樣。

> 我能打敗病原菌 ▶P.89，是正義的使者喔！

前端如樹枝般分岔。

你在哪裡？

比菲德氏菌最初是在喝母乳的小嬰兒糞便中被發現的，動物的腸道裡也有。

只要一接觸到氧氣就會因衰弱而死，所以只能活在人類和動物的腸道中。

最喜歡小嬰兒的腸道

人類的腸子裡有很多菌類，稱為「腸內細菌」或「腸道菌群」。其中又以比菲德氏菌的數量最多。小嬰兒剛出生時，腸子裡幾乎沒有細菌，但只要開始喝母乳或牛奶，比菲德氏菌就會一口氣大增，腸道裡90％的菌類都是比菲德氏菌。到了嬰兒開始吃各種食物的階段時，腸子裡其他的細菌也逐漸增加，隨著年齡的增長，比菲德氏菌變得越來越少。

比菲德氏菌減少的話，就要多補充！

為什麼對身體有益？

比菲德氏菌能把進入腸道的醣類食物轉化出乳糖和醋酸的成分。醋酸有非常強的殺菌力，可以殺死腸子裡的壞菌，所以腸道裡有很多比菲德氏菌的人比較不容易生病。

優酪乳裡有很多比菲德氏菌

食品廠商為了不讓比菲德氏菌接觸到氧氣，開發出有外膜或能耐氧的比菲德氏菌，加入優酪乳當中。不過只要一開封接觸到空氣，比菲德氏菌的作用便會開始減弱，所以要盡快喝完喔！

同類或有關聯的菌類

 壞菌　**輪狀病毒** P.72

比菲德氏菌能打敗各種壞菌，包括會引起食物中毒 ▶P.88 的輪狀病毒。比菲德氏菌較多的腸道能抑制輪狀病毒滋生，所以也能預防食物中毒。

長沼老師再多說一點！

從糞便就能知道腸道的環境

腸道裡如果比菲德氏菌等好菌比較多的話，便便會像黃褐色的香蕉一樣順暢而出，也不太會有氣味。但若是壞菌比較多的話，便便就會一顆一顆的、很硬或是很稀爛，氣味也會比較臭。不知道大家的便便如何呢？

引發食物中毒的可怕細菌

腸道出血性大腸桿菌O157型

壞菌

會引起食物中毒 **▶P.88** ，壞菌大腸菌的夥伴。身體外面包覆著一層被稱為「O抗原」的物質。由於該「O抗原」是第157個被發現的，故此得名。現在已知的「O抗原」約有180種左右。

我會在腸道裡作亂喔！

釋放細胞毒素。

你在哪裡？

我住在水中或土壤裡，能耐低溫，因此在冰箱裡也能存活。而且不怕胃酸，所以只要吃進嘴裡，就能順利直闖腸子。

身上長著稱為「鞭毛 **▶P.89**」的長毛，靠它來移動。

在腸子裡散發「細胞毒素」

雖然大腸菌是大家腸子裡的常在菌  P.88
之一，但也有從外部進入體內的菌種。其
中有的菌種會釋放出強力的毒素「細胞毒
素（Verotoxin，又稱類志賀毒素）」，就
是O157型等的腸道出血性大腸桿菌。若是
藏在食物裡的O157型大腸桿菌進到腸子內，便
會大量增加，細胞毒素會破壞腸道的細胞，引起
食物中毒並引起激烈的腹痛和腹瀉、血便。而且
細胞毒素還會透過血管傳遍全身，影響腎臟和腦
部，嚴重的話甚至可能死亡。

細胞毒素這
個名字感覺
也很可怕！

如何進入體內？

由食物或病人的糞便經嘴巴進入體內而感染。除
了牛肉、豬肉以外，野生的鹿肉或山豬肉等的生
肉都要注意！曾有人吃了這些野味，一次就造成
多人集體感染。

一起來擊退壞菌吧！

O157型大腸桿菌怕熱。生肉的話，以75℃以上的溫
度加熱內部達1分鐘以上就能殺菌。此外，生菜上也
可能會有大腸桿菌，食用前要仔細沖水清洗，雙手和
菜刀、砧板也要用次氯酸鈉等消毒以預防感染。照顧
染病的人也要隨時清潔消毒。

同類或有關聯的菌類

壞菌

沙門氏桿菌

沙門氏桿菌和O157型大腸桿菌相同，
都是會引起腹痛腹瀉的病原性大腸菌之
一。多在雞肉或生蛋上，由於不耐熱，
因此記得要充分加熱後再吃。

壞菌

諾羅病毒 P.70

諾羅病毒是一種會引起食物中毒的病毒
P.86，由生貝類所感染。諾羅病毒
也耐熱，所以必須使用漂白水或次氯酸
鈉消毒。

散發世界最強的劇毒

肉毒桿菌

壞菌

正式的學名也稱梭孢桿菌。只要沒有氧氣，且水分、養分、溫度達到肉毒桿菌喜歡的平衡狀態，就會製造出讓人神經麻痺的毒素。

擁有耐熱的外殼。

我有麻痺神經的功能！

你在哪裡？

自然界當中存在於土壤或泥巴裡。由於喜歡沒有氧氣的地方，因此有時也會出現在醃漬食品的罐頭或玻璃瓶中，以及真空包裝等未經加熱消毒的加工食品裡。

因為會藏在泥土裡頭害人生病，所以在外國也被稱作「土裡的殺人魔」。

感染了會生什麼病？

除了食物中毒 **▶P.88** 之外，還有在腸內數個月後才發作的「成人腸道型肉毒桿菌症」、從傷口進入體內的「創傷型肉毒桿菌症」、「嬰兒型肉毒桿菌症」等類型的病症。會出現眼睛看不太清楚、無法好好說話等神經症狀，嚴重時能導致呼吸困難甚至死亡。未滿一歲的嬰兒若罹患肉毒桿菌症，會先從便祕開始，然後出現肌肉無力，身體麻痺的症狀。儘管致死的案例很少，仍是相當可怕的疾病。

打倒肉毒桿菌的方法

進入體內的肉毒桿菌，可以靠藥物來擊退。為病人施打解毒劑（對毒素免疫 **▶P.89** 的藥），並視症狀給予氧氣罩。嬰兒型肉毒桿菌症的話，要使用抗菌藥來治療。

預防措施

肉毒桿菌很耐熱，120℃要加熱4分鐘，100℃要加熱6小時才會死掉。市售的罐頭和瓶裝醬菜會經過消毒，所以沒問題，但一般家庭用瓶罐保存食物時，一定要好好消毒殺菌容器。另外，蜂蜜裡頭也可能會有肉毒桿菌，因此不能給一歲以下的嬰兒餵食蜂蜜喔！

同類或有關聯的菌類

壞菌 赤痢菌

赤痢菌和肉毒桿菌一樣，一旦食物中毒都可能致死。赤痢菌在日本很少見，但在衛生環境不佳的國家仍持續在擴散，導致很多嬰幼兒死亡。

長沼老師再多說一點！

用肉毒桿菌來美容

現在有一種美容的療法是利用肉毒桿菌能麻痺神經的作用，稱為「注射肉毒桿菌素」。原理是減弱臉部神經的功能，減少皮膚的拉扯來預防皺紋。當然，只是把極微量的肉毒桿菌毒素直接注射到臉部而已。會引起食物中毒的細菌竟然也可以拿來美容回春，真是不可思議！

要注意生肉！確實煮熟再吃

曲狀桿菌

壞菌

> 我在動物的
> 腸道中
> 成長茁壯！

曲狀桿菌有2種，學名上分別被稱為「Campylobacter jejuni」和「Campylobacter coli」。而會引起食物中毒 ▶P.88 的大多是「jejuni」。

身體如彎曲的棒狀。

兩端長著如尾巴般的鞭毛 ▶P.89，以鞭毛來移動。

你在哪裡？

除了牛、豬、雞等家畜外，也常住在貓狗的腸子裡。不只因吃肉而感染，寵物的屎尿也可能會傳染。

感染了會生什麼病？

吃了感染曲狀桿菌的牛豬或雞肉，就會在腸道裡增生引起食物中毒，造成腹痛、腹瀉、發燒，甚至還可能罹患「格林巴利症候群」。這種病會使病人出現運動神經麻痺、走路不穩、呼吸困難等嚴重的症狀。目前，格林巴利症候群是否確定由曲狀桿菌所引起還未知，不過普遍懷疑曲狀桿菌就是病因。

嚴苛環境也能存活

曲狀桿菌需要二氧化碳和氧氣才能活動。不過，在保存於冰箱的水或食物中，卻可存活相當長的時間。它的身體平常呈現彎曲狀，要是遇上了嚴苛的環境，又能變形成圓球狀以求自保。真是聰明又難纏的細菌啊！

能自己保護
自己
真厲害！

預防措施

曲狀桿菌非常怕熱，所以吃肉時只要充分經過加熱就能擊敗它。尤其雞肉引起的病例最常見，所以也要注意雞蛋。牛肉和豬肉一樣，只要內部也確實煮熟，就能安心吃。另外，如果摸了寵物或動物，要記得用肥皂仔細洗手喔！

同類或有關聯的菌類

巴斯德桿菌
壞菌

巴斯德桿菌和曲狀桿菌一樣，都是會經由寵物或動物傳染的細菌。尤其是被兔子、貓咪咬傷或傷的話，可能從傷口傳染給人類。

幽門螺旋桿菌
壞菌

 P.62

幽門螺旋桿菌也有鞭毛，連學名都和曲狀桿菌相似，但它不是寄生在腸道，而是躲在胃壁裡，也是造成胃潰瘍和胃炎的病菌。

第3章 細菌

嬰兒時期就打疫苗預防

破傷風菌

壞菌

破傷風菌能以耐旱耐熱的外殼保護自己。若是進入人體的話，會釋出「破傷風毒素」和「溶血毒素」影響神經。

我能從傷口進入人體！

細長的身體。

身體前端有圓圓的「芽孢」可增生。

你在哪裡？

我在泥土或砂石裡，大自然的地面上。大家平常會去的公園、附近的農田裡都有，其實每個人都接觸過破傷風菌。

60

破傷風是什麼樣的病？

到處都有破傷風菌，所以大家跌倒受傷時，破傷風菌便可能會從傷口進入體內。如此一來，3天～3週內就會開始出現病徵。病人先是全身疼痛，進而上下肢體逐漸出現症狀，變得無法行走，軀體麻痺，甚至不由自主往後仰呈弓形，最後因無法呼吸而死亡。

如何擊敗破傷風菌？

受傷之後，如果覺得全身好像不太對勁，就要盡快就醫。若真的是破傷風菌在搞鬼，只要使用抗菌藥就能擊敗體內的破傷風菌。

預防措施

現代的日本幾乎沒有人罹患破傷風，因為大家在嬰兒時期就接種了疫苗。日本法律規定，新生兒必須施打「DPT」預防針，也就是白喉、破傷風、百日咳的三合一疫苗 **P.89**。因此若只是受一點小傷的話，其實用不著害怕！不過，平時如果不小心受傷，還是要馬上清潔消毒傷口才行喔！

同類或有關聯的菌類

壞菌 **黃色葡萄球菌**

黃色葡萄球菌和破傷風菌一樣，每個人皮膚上都有，從傷口進入人體後才開始作亂。它也是會造成食物中毒 **P.88** 的病菌之一。

壞菌 **日本腦炎病毒**

被蚊子叮咬才會感染的病毒 **P.86**。一如其名，日本腦炎病毒是會引發侵犯腦部和神經的可怕疾病。不過，日本腦炎和破傷風一樣，因為現今大家都有接種疫苗，所以幾乎已無人感染。

在大自然的水域中一定有！
幽門螺旋桿菌

壞菌

幽門螺旋桿菌有尾巴般的鞭毛，像直升機一樣旋轉，所以學名「Helicobacter pylori」的「Helico」意指直升機，「bacter」是細菌之意，「pylori」表示胃的出口。1982年於胃炎的患者體內被發現。

身體捲2～3圈是特徵。

能夠一邊旋轉鞭毛 **▶P.89**，一邊在胃壁上到處亂竄。6秒鐘能跑100公尺，速度非常快唷！

我會轉圈圈移動喔！

你在哪裡？

我通常住在河流、地下水、下水道之類大家身邊的水域裡。尤其在不太清潔的自來水等特別多。

胃痛的原因之一

幽門螺旋桿菌一附著在胃壁上，就會釋放使細胞衰弱的毒素。這麼一來，白血球 **P.88** 就會聚集過來對戰。如果戰況太激烈，胃壁便會變得脆弱，容易因胃酸而發炎，一再被鑽洞就會演變成「潰瘍」這種疾病。

> 胃壁被鑽洞好像很痛！

幽門螺旋桿菌如何進入胃部？

幽門螺旋桿菌多在井水或河川等大自然的水裡。如果飲用自然界的水源，而非消毒過的自來水，幽門螺旋桿菌就會進入人體而染病。60歲以上的日本人小時候因自來水和下水道的設施還沒未整治完善，很多人都喝井水，所以據說60歲以上的日本人幾乎胃裡都有幽門螺旋桿菌。

擊退幽門螺旋桿菌

只要持續服用醫生開的處方藥，一星期就能殺死幽門螺旋桿菌。不過，如果太常服用抗生素 **P.87** ，便會培養出具抗藥性的幽門螺旋桿菌，變得更加難以消滅。這種情形就要使用其他藥物來治療。

同類或有關聯的菌類

 好菌 **乳酸菌** P.46

儘管不吃藥就無法根除幽門螺旋桿菌，不過乳酸菌能幫助保護胃壁，並製造幽門螺旋桿菌討厭的乳酸，減少它們的數量。

 壞菌 **腸道出血性大腸桿菌O157型** P.54

幽門螺旋桿菌是住在胃裡的壞菌，而腸道出血性大腸桿菌O157型是住在腸道裡的壞菌之一。它會破壞腸細胞，造成嚴重的腹痛和腹瀉。

最具代表性的蛀牙菌！超有名的壞菌

轉糖鏈球菌

壞菌

於1924年從蛀牙裡被發現。人類的口腔裡有許多會造成蛀牙的細菌，但最主要的就是這種轉糖鏈球菌。

有突出的尖椎，能夠鉤住牙齒的表面。

我能融化附著髒污的牙齒喔！

身體是橢圓形的球體。

你在哪裡？

我是住在口腔的常在菌 P.88 之一。換句話說，在所有人的嘴裡。就算沒有蛀牙的人，嘴巴裡也有轉糖鏈球菌！

同類之間如鎖鍊一般相連，變成黏黏的群體，附著在牙齒上。

蛀牙是什麼樣的疾病？

人類的牙齒以象牙質構成，表面覆蓋著堅硬光滑的琺瑯質。如果口腔長時間處於酸性的狀態，琺瑯質會先融解，接著入侵象牙質，最後侵犯到神經時便會感覺疼痛。這就是蛀牙。而轉糖鏈球菌就是製造酸的細菌。

為什麼會蛀牙？

轉糖鏈球菌把食物殘渣當成養分生成黏糊，於是乳桿菌等的細菌同伴便聚集在一起，稱為齒垢，細菌會在裡面製造出很多能融解牙齒的酸。

> 不衛生的口腔是細菌的樂園喔！

如何防止蛀牙？

轉糖鏈球菌是常在菌，因此無法完全消滅。防止蛀牙最重要的一點，是不要讓轉糖鏈球菌增加、不要產生齒垢。所以要好好刷牙，不要長時間一直吃甜食，每日一點一滴的累積，就能減少蛀牙的機會。

同類或有關聯的菌類

好菌
壞菌

乳桿菌

乳酸菌的同類，也是造成蛀牙的細菌之一，不過在腸道中能擊敗壞菌，預防疾病。於製造優酪乳、起司或葡萄酒時也會用到它。

壞菌

白色念珠菌

白色念珠菌和轉糖鏈球菌一樣，都是每個人口腔裡都有的常在菌，數量增加太多就會使壞的真菌 ▶P.88 。並非傷害牙齒，而是在舌頭或嘴唇上增生，引起發炎。

地球上的氧氣是細菌製造的！

氧氣是生物生存不可或缺的能源，但其實在數十億年前，地球上並沒有氧氣，空氣中幾乎都是二氧化碳。直到有一天，地球上出現一種叫作「藍綠藻」的細菌 P.87，也就是葉綠素的祖先。藍綠藻大量聚集在海邊的淺灘，反覆進行著吸收二氧化碳、排出氧氣的光合作用 P.86，於是就形成了地球上飽含著氧氣的大氣。

可是，對當時的生物而言，氧氣是劇毒。有些生物因此紛紛滅絕，也有生物為了生存而進行演化。倖存的生物開始能把氧氣當成能源利用，誕生了動物的祖先。另外，在演化的過程中，也有生物在體內的一部分納入藍綠藻，就成為了含葉綠素的植物的祖先。

藍綠藻能在冰河上、硫化物多的溫泉地、鹽分高的湖泊等各種嚴苛環境下存活，所以自地球誕生以來，經歷了恐龍時代、冰河期等悠遠的年代，還能夠延續至今。

光是這樣就已是宏偉的故事，不過近年來科學家更是展開研究，期盼能利用藍綠藻進行光合作用的能力，開發出新能源。看來藍綠藻對地球的未來仍是不可或缺的要角呢！

藍綠藻

含有葉綠素的細菌，早在沒有植物和動物30億年前就存在於地球上，也是能行光合作用的生物祖先。

第4章

病毒

雖然身體的構造簡單到幾乎不被認定為生物，卻能引發流行性感冒，甚至演變成非常嚴重的傳染病。真菌和細菌當中都有好菌存在，但是病毒幾乎全部是壞菌。

每年都來的討厭鬼

流感病毒

壞菌

隸屬於正黏液病毒科的病毒，分成A型、B型、C型。有流行的期間，日本在12～3月之間會特別容易擴大傳染。

我會不斷進化喔～

你在哪裡？

原本只在鳥類身上作亂，後來卻進化成能傳染給人類。藉由感染的病人皮膚以及咳嗽等方式，再傳給別人。

周圍有一顆顆球狀的突起。

病毒為什麼可怕？

如果有發燒或咳嗽的症狀，就是感冒或得到流感的證據。兩者的差異是流感較快惡化，症狀也更嚴重。另一個最大的不同是流感傳染力非常強，只要一有流行，很快就會傳染開來。而且每年都會產生新的變種，所以相當難預防。

每年都會流行的疾病！

同類或有關聯的菌類

壞菌

高病原性禽流感

高病原性禽流感和流感病毒是同類，可禽流感不僅會攻擊喉嚨和腸道，也會傷及內臟。一如其名，原本只有鳥類會感染，但由於DNA已變化，因此也能傳染給人類，正是所謂的新型流感。

如何預防？

首先，漱口和洗手很重要。吸入人體的病毒一開始是附著在喉嚨上，趁病毒還沒增加時趕快漱口，而沾在手上的病毒也能沖水清洗掉。另外，接種疫苗也是重要的預防方法。打流感疫苗的目的是趁身體健康時，在體內放入少量的病毒以事先產生免疫力 P.89。

為什麼會產生新型病毒？

流感病毒在鳥類或豬的體內，和其他種類的病毒交換DNA P.88，就會進化成擁有新能力的病毒。當這種新病毒飄散在空中，感染了人類，而過去有效的藥物都無法妥善治療時，便會發現又有新型病毒了！

長沼老師再多說一點！

從西元前人類就與病毒對抗

據說流感病毒早從久遠的西元前就折磨著人類。從症狀等紀錄來看，可知歐洲在西元400年前，相當於日本的平安時代，就有疑似流感的疾病盛行。

讓人痛苦的上吐下瀉

諾羅病毒

壞菌

屬於杯狀病毒科的病毒，會引起強烈的上吐下瀉。由於只能在人類的腸道裡增生，難以拿來做實驗，因此也少有研究。目前還沒有抑制諾羅病毒增加的藥物。

我是充滿謎團的傢伙喔！

身體呈球狀，全身都是刺。

表面有很多凹洞。

你在哪裡？

我在受汙染的自來水和生鮮的雙殼貝類裡，或是感染諾羅病毒的病人的皮膚、嘔吐物、腹瀉的糞便中。

體積比其他病毒更小，也稱小型球形病毒。

和其他的食物中毒相比也特別棘手

感染了諾羅病毒，就會腹痛拉肚子，感覺反胃並嘔吐。嘔吐物之中也含有病毒，即便打掃過仍會殘留在空氣中，轉而又進入其他人體內。而且馬桶沖掉的水最後流進大海，頑強的諾羅病毒還能寄生在蛤蜊上，繼續存活增生。因此，如果生吃了受汙染的貝類也會得病。

同類或有關聯的菌類

 輪狀病毒 P.72

壞菌

輪狀病毒和諾羅病毒一樣，也是會引起食物中毒 P.88 的可怕病毒。但諾羅病毒傳染的年齡層較廣，而輪狀病毒則特別容易傳染給小嬰兒及不滿5歲的幼童。

如何擊敗諾羅病毒？

殺菌很重要喔！

用酒精消毒無法完全消滅諾羅病毒。要以80～90℃加熱90秒以上才能滅菌，因此生鮮食物一定要確實煮熟再吃。清潔病人的嘔吐物時，可使用稀釋過的漂白水消毒。

妨礙腸道的機能！

諾羅病毒進入人體後，會附著在腸壁上迅速增加，然後妨礙腸道的運作。於是，食物從胃部運送到腸道的機能衰退，難以消化，腸子開始發炎，所以病人會覺得反胃而腹瀉。

長沼老師再多說一點！

以前其實叫做 諾瓦克病毒

諾羅病毒最早是在美國一個叫作諾瓦克的城市內發生的集體食物中毒案例裡被發現，所以當初稱為諾瓦克病毒。之後每當各地發生相同症狀的食物中毒，就會以該地的名稱來命名。後來在研究後，得知其實都是同樣的病毒，因此於2002年統一稱呼為「諾羅病毒」。

每個人小時候都得過

輪狀病毒

壞菌

輪狀病毒是在腸道發現的病毒,目前仍舊充滿了謎團。因「無法確知與疾病之間的關係」而被分類到呼腸孤病毒科。

體積是諾羅病毒的2倍大,不過直徑只有一萬分之一公釐。

我最喜歡小寶寶和小朋友了!

因為形狀像車輪,所以學名叫「Rotavirus」(rota是拉丁語的輪子之意)。

你在哪裡?

在被感染的病人皮膚或嘔吐物、腹瀉的糞便裡都有。受汙染的衣服和棉被,就算洗過仍有機會殘留。

嬰兒和幼童要特別注意！

主要是5歲以下的幼童容易被感染，一旦感染，就會腹痛、腹瀉，還會發高燒，因此常出現身體水分太少的脫水症狀。不過小時候重複罹患過幾次，慢慢就能免疫 P.89，長大後即使感染通常也不嚴重。但在國外還是有不同的輪狀病毒種類會讓成年人拉肚子，所以要出國的人也須特別留意。

如何擊敗輪狀病毒？

85℃的高溫就能殺菌，但若輪狀病毒已進入人體，目前還沒有研發出特效藥可醫。感染的話，只能盡量多喝水，吃有營養的食物，讓身體好好休息。與其服用止瀉藥，還不如盡快讓病毒排出體外。

排出偏白色的糞便

輪狀病毒一在腸道增加，「膽汁」這種消化液的量就會不足。此外，食物當中的脂肪不好消化，會直接混在糞便中。這兩種情況都會讓糞便看起來偏白色。

同類或有關聯的菌類

好菌 **比菲德氏菌** P.52

優酪乳當中有比菲德氏菌。只要補充比菲德氏菌，便可以減少腸道裡的輪狀病毒。平常就多攝取比菲德氏菌，也是預防感染的方法之一。

壞菌 **麻疹病毒**

麻疹病毒和輪狀病毒一樣，0～4歲的幼兒特別容易感染。由於麻疹病毒的感染力很強，症狀也比較嚴重，因此日本已經規定幼兒必須接種疫苗。

第4章 病毒

引起發燒、出疹、關節痛的症狀

茲卡病毒

壞菌

茲卡病毒是1947年在非洲烏干達的茲卡森林中，從紅毛猩猩身上被發現的。一旦感染，病人就會發燒、出疹子、關節痛，眼睛甚至還會變紅。

球形的身體長出棒狀的突起。

蚊子會搬運我們喔。

你在哪裡？

喜歡待在熱帶和亞熱帶地區中、人類以外的動物體內。蚊子先吸了受感染動物的血，再帶著病毒擴大傳染給人類。

新興病毒的一種

在人類悠久的歷史中，突然出現了疫情，原以為已用疫苗 **▶P.89** 或抗生素 **▶P.87** 控制住，後來卻成為新的病原菌 **▶P.89** 擴大感染的病毒稱為「新興病毒（Emerging virus）」。茲卡病毒就是近年來新興病毒的一例。由於才剛發現不久，故目前除了知道是因被蚊子叮咬而感染外，其他所知不多。

要當心蚊子喔！

孕婦要特別留意！

孕婦一旦感染茲卡病毒，肚子裡的胎兒也會被感染。感染茲卡病毒的嬰兒，出生時多罹患「小頭症」。小頭症是一種使嬰兒先天頭骨和腦部較正常人小，出現肢體或腦部障礙，甚至導致死亡的重症。

如何預防茲卡病毒？

身邊飛來飛去的蚊子不知之前吸了什麼血，所以若是要去可能有蚊子出沒的地方，最好先噴防蚊液或穿長袖的衣服、長褲，不要露出皮膚，避免被叮咬。

同類或有關聯的菌類

壞菌

伊波拉病毒
SARS冠狀病毒

這兩種都是新興病毒。有發燒、出血症狀的伊波拉病毒發生在非洲，SARS冠狀病毒則在中國流行。兩者都尚在研究階段。

壞菌

登革熱病毒

登革熱病毒和茲卡病毒都是黃病毒科的同類。藉由蚊子叮咬動物進而傳染給人類。

能融解壞菌的好病毒

T4噬菌體

好菌

T4噬菌體是一種能附著在細菌 ▶P.87 上，消滅對方的病毒。為醫治疾病，被用來進行各種實驗的研究。在病毒當中是難得的好菌。

我能溫和地治癒疾病！

形似頭部，被稱為「衣殼」的外殼。

外型像是登陸月球的太空探測器，非常奇特。

稱為「長尾」的足部。

稱為「尾部」的軀體。

你在哪裡？

我在河川、湖泊、海洋和土壤裡，大自然中到處都有。此外，在動物的腸道當中也非常多。

以溫和的方法治病

T4噬菌體擁有擊敗細菌的能力。它以長長的腳抓住細菌後，便會注入DNA ▶P.88 、在細菌體內製造自己的分身，當分身由內而出時就能融解細菌。科學家想要利用這種能力研究出如何醫治細菌所帶來的疾病。T4噬菌體和抗生素 ▶P.87 不一樣，非但不會殺死體內好的常在菌 ▶P.88 ，還只會攻擊壞的病原菌 ▶P.89 ，真是好處多多。

對人類十分有益的病毒呢！

同類或有關聯的菌類

壞菌

大腸菌

T4噬菌體大多會附著在大腸菌上，然後於大腸菌體內增生，由內而外消滅壞菌。人體的腸道中也有很多好菌，比起用抗生素全部殺光，效果更好。

如何把T4噬菌體放入人體內？

方法有從嘴巴服用、塗在皮膚上、打針、噴霧或滴眼藥水等等。使用噬菌體治療疾病，被稱為「噬菌體療法」。

大家都有吃噬菌體!?

其實香腸、火腿等加工食品，為了抑制會讓食物腐敗的壞菌增加，常添加噬菌體。吃進體內的噬菌體會因不耐胃酸而死亡，不影響腸道內的常在菌，因此對人體沒有害處。

長沼老師再多說一點！

比發現盤尼西林還早

噬菌體在1915年被人類發現，為找到擊退細菌 ▶P.87 的方法而進行了各種研究，不過1929年發現了更有效的盤尼西林，噬菌體便不再受到重視。可之後因出現了盤尼西林無法消滅的細菌，故噬菌體的能力又重新受到檢視。

也就是感冒的病因

腺病毒

壞菌

因為是在腺樣體（喉嚨裡的扁桃腺變大的部分）被發現的病毒，所以命名為腺病毒。經常有人在游泳池戲水時感染，因此腺病毒的相關感染症狀也會被稱為「泳池熱」。

有幾個棒狀突起，只要這部分接觸到喉嚨，身體就會起反應。

感冒時
要想起我
喔～♪

你在哪裡？

我在人類或動物的身體裡。不過健康的人並不會發病，或者因症狀輕微以至於沒發現，進而傳染給別人。

外型是正二十面體，相當端正漂亮。

每個人都曾感染過

儘管感冒有各種症狀和病因菌，不過腺病毒是最普遍的，基本上每個人都得過因腺病毒而引起的感冒。主要的症狀有喉嚨痛、咳嗽、持續發高燒。上醫院被醫師診斷為「咽喉炎」的話，幾乎都是由腺病毒所引起的。

小孩比大人更容易感染喔。

如何預防腺病毒？

目前沒有擊退腺病毒的藥物。如果感染的話，醫生也只會開退燒藥和緩解喉嚨痛的藥物而已。因此為了盡量不被感染，要勤洗手和漱口，感染的病人摸過的東西需用酒精消毒，也不要和他人共用毛巾，平常就要十分注意衛生。

容易感染也容易傳播

腺病毒是相當棘手的病毒，若進到腹腔的話會引起腹瀉，跑到眼睛的話則會引發結膜炎。不只會藉由咳嗽或打噴嚏等飛沫方式傳染，假設染病的人先用手揉眼睛再摸其他東西，如果其他人摸了那個東西後又摸自己的眼睛，一樣也會被感染。

同類或有關聯的菌類

壞菌 鼻病毒

鼻病毒和腺病毒一樣，都是感冒的病因菌。學名「Rhinovirus」的「Rhino」是希臘語「鼻子」的意思。顧名思義，感冒症狀會從鼻子開始發生。

壞菌 RS病毒（呼吸道融合病毒）

RS病毒也是感冒的病因菌。儘管大多為輕症的感冒，但0～1歲的小嬰兒若感染的話，可能會引發嚴重的肺炎。還有，體質虛弱的人和老年人也比較容易演變成重症，需多留意！

會致人於死的可怕病毒

狂犬病病毒

壞菌

> 我作亂的話可是很嚴重的！

狂犬病病毒屬於炮彈病毒科麗沙屬的同類。「炮彈（Rhabdo）」是棒狀的意思，「麗沙（Lyssa）」是指瘋狂。這是一種具有神經毒性、相當兇惡的病毒。

細長的身體周圍有外殼。

你在哪裡？

我在被感染的動物體內，幾乎全世界都有。尤其集中在唾液裡，所以一旦被動物咬傷，馬上就會感染。

圓筒形的身體。在會致病的病毒當中，算是少見的外型。

傳染給人類就糟了!!

幾乎所有感染了狂犬病病毒的人都會死亡,是種非常可怕的病毒。如果被感染了狂犬病的狗咬傷,被咬的地方會紅腫,接著病人開始發燒,身體逐漸麻痺,看到不存在的幻覺,失去意識,最後因呼吸困難而死。其實不只是狗,世界上許多動物都有都有染病的風險。

若是被動物咬傷,就要馬上就醫!

日本沒有狂犬病是真的嗎?

一般在日本,養狗時一定要替狗注射狂犬病疫苗 P.89 。因此自1957年以來,日本就沒再出現過得到狂犬病的人。但是,不知道會在何時何地接觸到野生動物,所以包含家裡的寵物在內,摸過動物之後,一定要記得好好洗手!

預防措施

首先最重要的,是不要隨意靠近野生動物。還有,不管被什麼動物咬傷,要馬上用肥皂沖洗傷口,並盡快就醫。如果有染病的疑慮,醫生會幫傷患注射狂犬病疫苗。

同類或有關聯的菌類

壞菌 **巴通氏菌**

巴通氏菌是「貓抓病」的病因,存在於小貓的爪子、嘴巴、皮膚等。貓抓傷人可能傳染給人類。傷口會紅腫,還會發燒。

壞菌 **鸚鵡熱披衣菌**

鸚鵡熱披衣菌存在於鸚鵡或鳥類的糞便中。人吸入了乾燥的糞便就會進入體內,出現發高燒、頭痛等類似流行性感冒的症狀。

日本幾乎絕跡，但出國時要注意！

A型肝炎病毒

壞菌

A型肝炎病毒是會引起肝病的病毒，耐酸、耐熱，也不怕乾燥，是相當難對付的病毒。

看起來像圓形，其實是正二十面體。

稱為「衣殼」的蛋白質外殼直接外露，少了一層叫「包膜」的脂肪外膜，反而更能抵抗藥物的藥效。

我躲在不乾淨的水裡喔！

你在哪裡？

我藏身在被汙染的自來水、河川或食物裡。對酸性很強，所以不怕胃酸，能寄生在人體中。

現代日本並不常見的病毒

一旦感染了Ａ型肝炎病毒，肝臟就會發炎，出現發高燒、疲倦、噁心、腹瀉等症狀。6歲以上的兒童和成年人，多數還會出現皮膚和眼白部分變黃，俗稱「黃疸」的症狀。病毒常隨著病患的尿液或糞便沖進下水道，跟著流到河川內，如果有人生飲河水就會被感染。在水道工程還不完備的時代，日本也有人會直接生飲河水，所以過去感染的人很多。

出國時要多加防範！

如今的日本已經不太有感染Ａ型肝炎的人，但世界上還有很多地方因缺乏自來水與下水道建設，故沒有乾淨的水可喝。又因為廁所的下水未經處理就排入河川，所以也曾有人在國外罹患了Ａ型肝炎。

如何擊退Ａ型肝炎病毒？

目前還沒有醫治Ａ型肝炎病的特效藥。不過，只要罹患過一次，就能具有免疫力 P.89 。此外，要前往亞洲、非洲、中南美洲超過一個月以上的人，政府建議可以事先施打預防針。

同類或有關聯的菌類

壞菌 **諾羅病毒** P.70

諾羅病毒和Ａ型肝炎病毒一樣，都是只能在人體內增生的病毒。一進入腸道，就會引發上吐下瀉。

壞菌 **Ｅ型肝炎病毒**

吃豬肉、鹿肉、野豬肉而感染的病毒。因吃生肉而造成感染的案例很常見。Ｅ型和Ａ型肝炎病毒一樣，是一時性的疾病，不會演變成慢性病。

比病毒的構造更單純！類病毒和普里昂

地球上最小的病原體「類病毒」

病毒的構造是由DNA ▶P.88 或RNA（核糖核酸）的基因 ▶P.86 （複製自己的設計圖），以及包覆著基因的蛋白質殼膜「衣殼（Capsid）」所組成。儘管構造如此單純，卻擁有使人生重病的強大能力。

不過，世上還有比病毒構造更加簡單的病原體存在，一般被稱為「類病毒（Viroid）」。類病毒沒有衣殼，只有外露出的RNA。雖然不會傳染給人類和動物，但會感染植物，引起重症。

類病毒會進入附著的植物細胞，複製出許多壞的植物細胞，讓植物生病。

類病毒製造出來的壞細胞會妨礙植物正常生長，使得品質變差。由於目前還沒找到治療的方法，因此只能小心避免植物被感染。明明只是小小的病原體，卻擁有巨大的力量呢！

病毒

類病毒

外露的RNA

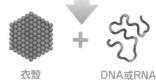

衣殼　＋　DNA或RNA

被類病毒侵犯的植物

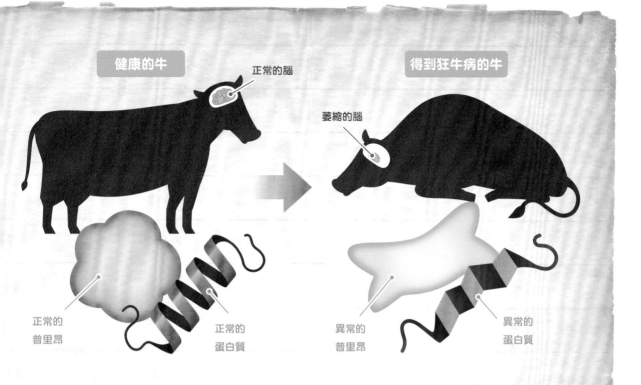

健康的牛　　正常的腦

得到狂牛病的牛　　萎縮的腦

正常的普里昂　　正常的蛋白質

異常的普里昂　　異常的蛋白質

單由蛋白質構成的「普里昂」

除了類病毒之外，還有其他構造單純的病原體，那就是所謂的「普里昂（Prion）」。它沒有基因，只由蛋白質所構成。普里昂本來只是一般的蛋白質，人類等哺乳類動物的身上都有，尤其腦部特別多。不過，問題在於它會變成異常的蛋白質「變性普里昂」。變性普里昂一旦出現在體內，就會把正常的蛋白質都轉變成異常的變性普里昂，引起「普里昂疾病」。

所謂的普里昂疾病，是指異常的普里昂使腦部組織出現無數的孔洞，變成像海綿一樣的病。患病的動物會變得無法站立行走，性格改變，出現異常行為，最後死亡。以前曾經流行過的狂牛症就是其中之一。這是牛隻的普里昂疾病，正式名稱為「牛海綿狀腦病（BSE）」。據說原因是牛吃的飼料裡含異常的普里昂而被感染。如果人吃了罹患BSE的牛，也會得到人類的普里昂疾病「庫賈氏病」。儘管名稱不同，不過一樣都是普里昂疾病。

看不懂的名詞 從這裡查！

用語解說

阿米巴蟲

沒有細胞壁的單細胞微生物。由於沒有固定的形狀，因此有如一滴水在扭動一樣。有水生、在土裡和寄生在生物身上的種類。

基因

地球上所有生物的細胞中都有，像是製造出該生物的設計圖一樣。大家的基因組合都不同，所以沒有長得一模一樣的人。

病毒

大多是會令人生病的壞菌。身體的構造不像細菌一樣完整，所以必須寄生在其他生物身上獲取不足的部分。無法自行繁殖增生。

寄生蟲

意指寄宿在其他生物體內的蟲。藉由從宿主身上獲取必需的營養和安全的棲地生存下去。

菌絲

構成黴菌或蕈菇的身體，以絲狀相連的細胞，會不斷分枝成長。

原生生物

大部分由單細胞構成。在微生物當中，多半體積算大，能自行移動。知名的有草履蟲、眼蟲等。細胞的構造與人類十分相似，但具有人類沒有的特殊感官和能力。

光合作用

不能像動物一樣自由移動的植物必須自行製造養分。以葉子當中的葉綠體，把太陽光、空氣中的二氧化碳、根部吸收的水分製造成澱粉或糖分等的養分。

抗真菌藥

妨礙壞菌生長或抑制增生的化學抗菌藥。
※抗生素是利用微生物等自然界生物製成的抗菌藥。

抗生素

利用能殺死病致病壞菌的微生物所製造的藥物。不同的抗生素可殺死不同種類的壞菌。

酵素

蛋白質的一種，具有把某種成分變成其他成分的能力。不只能讓食物變好吃，也被用來製作成藥品或洗潔劑等。

菌落

數個微生物聚集在一起所形成的群體，可能變成人類肉眼可視的大小。像是可以看到黴菌附著在食物上，那就是菌落。

細菌

和人類相比，構造非常簡單，是由單細胞所構成的微生物。能分解生物體內或大自然當中的各種物質，改變其性質。有對人類有益和有害的細菌。

細胞核

構成動植物或真菌、原生生物身體的細胞之中，都有細胞核。細胞核內部含有大多數的遺傳物質，傳承著該生物的資訊。

細胞壁

比細胞膜更堅固，像殼一樣包覆著細胞。有細胞壁的微生物因有這層殼的保護，故較不易受外界影響。

出芽酵母

酵母菌當中，有一種像是從自己身體冒出新芽般，待成長後再分裂增加的類型。 **⊙P.89** 分裂酵母

小核

草履蟲等微生物要分裂複製時，保存必要資訊的器官。裡頭有關於自己身體的所有資訊，可將資訊原封不動地留給下一個新世代。

消化酵素

能分解食物，讓腸道容易吸收的酵素。各有專門分解蛋白質、脂肪、醣類的酵素。

常在菌

經常存在於人體的皮膚上和口腔裡、腸道中的微生物。平常具有保護人體的作用，但是當身體衰弱或微生物的數量失衡時，也可能成為病因。

食物中毒

因食用附著了壞菌的食物而導致生病。為了把從嘴巴進到腸胃的壞菌排出體外，會噁心想吐、腹痛腹瀉，還可能發高燒。

真菌

細胞以絲狀的菌絲相連的黴菌和蕈菇類等，還有用來做麵包和啤酒的酵母很有名。細胞的構成和人類的細胞很相像。

纖毛

微生物的身體周圍長出的毛狀物。數量比鞭毛多是特徵。微生物會藉由纖毛的運動來移動自己的身體。

大核

草履蟲等的纖毛蟲所擁有的兩個細胞核之一，為生存保存必要資訊的器官，負責移動、尋找食物等等。

生理時鐘

一天當中，配合自然界的運作在白天時活躍，到了夜晚就休息睡覺的規律節奏。不管是人、微生物還是動植物，都有生理時鐘。

DNA

包含微生物在內所有生物，都擁有許多像是製造設計圖的基因。人類的技術能夠改變或是創造新的DNA喔。

乳酸發酵

利用乳酸菌這種微生物，讓食物發酵變得美味的作用就叫乳酸發酵。例如優酪乳和起司是牛奶的發酵食品，也有醬菜是藉由乳酸發酵製成的。

白血球

壞菌一入侵體內，就會用自己包住對方以分解消滅的血中物質。當身體有哪裡受損時，白血球便會不停增加。所以，調查白血球的數量，也能發現疾病。

發酵

微生物把含有蛋白質或澱粉等營養的食物吃掉、分解，轉化成酒精或改變食物的性質，讓食物變美味。這個作用就叫發酵。

病原菌

造成疾病的可怕病菌。就算平常不使壞，當人的身體疲勞或虛弱時，也有微生物會趁機增生，變成病原菌。

分裂酵母

酵母菌當中，把自己的身體一分為二增生的類型。  **▶P.87** 出芽酵母

鞭毛

原生生物或細菌身上長出有如尾巴的部分。揮動鞭毛就能移動自己的身體。一般會比纖毛的長度長，數量則比纖毛少。

孢子

真菌類為了將同伴送往遠處增生的卵型物質。孢子非常輕且細小，像蒲公英的花絮一樣能懸浮在空中，飄散到各地。

免疫

當病原菌或病毒入侵人體時，對付它們的能力。接種疫苗就是在人健康的時候，把少量的病原菌或病毒注入體內，藉以培養出能對抗它們的成分和能力，於是身體就能獲得免疫。

免疫力

會致病的壞菌或病毒入侵人體時，體內具備擊敗壞菌、病毒或把它們排出體外的能力。當這種能力變弱時，就容易生病。

葉綠素

大多數的植物都有綠色的葉子吧？葉子看起來是綠色，是因為含有葉綠素這種色素。故對植物來說，要進行把光的能量轉化成營養的光合作用，葉綠素是不可或缺的物質。

疫苗

為了防止傳染病施打預防針所使用的液體藥物。一般分成兩種，有減弱病原菌或病毒力量的活疫苗，以及完全消除病原菌或病毒力量的不活化疫苗，依疾病區分使用。

真菌

青黴菌

因具有殺死細菌的能力，能製成藥品，是對人類相當有益的微生物。

▶P.20

酵母菌

加工食品中不可或缺的真菌。用來製造麵包、啤酒等常見的食物。

▶P.22

日本麴菌

常被用來製造醬油、味噌等日本傳統的調味料。日本最具代表性的真菌。

▶P.24
★P.23

黑麴黴

可以發酵製造出檸檬酸。身體虛弱的人若是吸入的話，可能引發疾病。

▶P.26
★P.29

黑黴菌

就是浴室、洗手台上頭不易清除的黑色黴菌。最喜歡溼度高的地方。

▶P.28

白癬菌

喜歡潮濕的地方，會在人類或動物皮膚上引起發癢、發炎的症狀。「香港腳」的病因菌。

▶P.30

根黴菌

韓國生產的傳統米酒「瑪格利酒」和印尼的發酵食品「天貝」都用它來製作。

★P.23 ★P.25

泡盛麴黴

食品或家裡容易長出的麻煩黴菌。沖繩特產的酒「泡盛」就是它用來釀造。

★P.23 ★P.27

煙麴黴

一旦進入人體，就可能引發嚴重肺炎的病原菌。一般存在於泥土當中。

★P.27

赤黴菌

浴室或洗手台常見的粉紅色、滑溜溜的黴菌。只要有水分，就會不斷增加。

★P.29

「同類或有關聯的菌類」當中介紹的微生物，在頁數前附註★符號。

原生生物

白色念珠菌

附著在口腔裡和皮膚的內側，引起發炎或發癢的病原菌。

★ P.31
★ P.65

草履蟲

容易觀察、取得，是微生物的代表。課本上也有介紹。

▶ P.34

眼蟲

學名是「Euglena」。擁有動物和植物兩方的特徵，是相當受矚目的生物。

▶ P.36
★ P.41

弓形蟲

寄生在貓科動物身上的寄生蟲。人類也會感染。

▶ P.38

破囊壺菌

因能產油可望代替石油而受到關注的微生物。

▶ P.40

瘧原蟲

躲在蚊子唾液中，經由蚊子叮咬傳染給人類或動物的寄生蟲。

▶ P.42

鐘形蟲

水中的微生物，因外型像寺廟裡的吊鐘，所以叫這個名字。

★ P.35

無色眼蟲

和眼蟲非常相似的生物。不過，身上不帶葉綠素。

★ P.37

小隱胞子蟲

寄生於貓狗等腸道中的寄生蟲。人類感染的話，也會生病。

★ P.43

痢疾阿米巴蟲

進入腸道中會破壞腸壁，造成腹瀉、血便等症狀的寄生蟲。

★ P.43

乳酸菌

分解糖分製造乳酸的好菌。牛奶和奶製品當中都有，也用來製作發酵食品。

▶ P.46
★ P.63

納豆菌

顧名思義就是用來製造納豆的特別菌種。特徵是會產生黏液。

▶ P.48

放線菌

世界各地的土壤裡面都有，具有殺死細菌的能力，所以被利用來製成抗生素。

▶ P.50
★ P.21

比菲德氏菌

存在於人類或動物的腸道中，會製造乳酸和醋酸，能幫助預防許多疾病。

▶ P.52
★ P.47 ★ P.73

腸道出血性大腸桿菌 O157型

藉由食物或手的觸摸進入腸道，引起食物中毒的壞菌。感染力很強。

▶ P.54
★ P.63

肉毒桿菌

擁有頗為強力毒素的壞菌。能在罐頭或瓶裝醃漬食品中存活。

▶ P.56

曲狀桿菌

寄生在牛豬等家畜或貓狗的腸道中，是可能造成食物中毒的壞菌。

▶ P.58

破傷風菌

存在於土壤或沙裡，從如果傷口進入人體的話，會引起影響神經的疾病。

▶ P.60

幽門螺旋桿菌

幾乎所有人胃中都有的細菌，是造成胃炎及胃潰瘍的原因。

▶ P.62
★ P.59

轉糖鏈球菌

幾乎所有人口腔裡都有的常在菌，是知名的蛀牙原因。

▶ P.64

沙門氏桿菌

存在於雞、豬、牛等動物的腸道裡，一進入人體就會引起食物中毒的壞菌。

★ P.39 ★ P.55

炭疽桿菌

寄生在動物身上，人類一旦感染的話，便會使呼吸器官或腸道發炎的壞菌。

★ P.49

黃色葡萄球菌

在人體皮膚上會造成皮膚病，一旦進入腸道的話，也會引發食物中毒。

★ P.51 ★ P.61

赤痢菌

從嘴巴進入體內會引發腸炎的病原菌。感染力很強，經常引發集體感染。

★ P.57

巴斯德桿菌

屬於貓狗口腔裡的常在菌，要是被咬或被抓傷，人類也會感染。

★ P.59

大腸菌

屬於人類腸道中的常在菌。有的會作亂，有的則為身體所需。

★ P.77

乳桿菌

常寄生於植物的乳酸菌。米糠醃醬菜和泡菜等發酵食品裡都有的好菌。

★ P.65

巴通氏菌

常寄生在貓狗身上的菌類，是導致「貓抓病」的病菌。被狗咬傷也會感染。

★ P.81

鸚鵡熱披衣菌

從鳥類的糞便傳染給人類。發病的話，會出現類似於流感的症狀。

★ P.81

流感病毒

流行於秋冬、傳染力很強的病毒。感染後會出現發高燒、疲倦、肌肉痠痛等症狀。

▶P.68

諾羅病毒

相當知名的食物中毒病因。會引發上吐下瀉，傳染力強，容易傳染給周遭的人。

▶P.70
★P.55 ★P.83

輪狀病毒

嬰兒和幼童易感染，引起腸炎。特徵是發高燒和排出偏白色的糞便。

▶P.72
★P.53 ★P.71

茲卡病毒

透過蚊子傳播。據說孕婦感染的話，會影響肚子裡的胎兒。

▶P.74

T4噬菌體

在眾多壞病毒當中，是少數對人類有益的好病毒。特徵是外型類似太空船。

▶P.76

腺病毒

感冒疾病「泳池熱」的病因菌。附著在喉嚨的黏膜上增生。

▶P.78

狂犬病病毒

通常存在於狗的唾液當中，被咬傷的話會感染。日本因全面為寵物施打預防針，幾乎無人感染。

▶P.80
★P.39

A型肝炎病毒

存在於自然的水域、生菜或者是雙殼貝類之中，會引起食物中毒症狀。

▶P.82

日本腦炎病毒

透過蚊子傳播，病毒進入腦部的話，會造成嚴重的疾病。可接種疫苗來預防。

★ P.61

高病原性
禽流感病毒

原本只有鳥類會感染的禽流感經過變種，也開始傳染給人類。

★ P.69

麻疹病毒

引起麻疹的病毒。現在已規定兒童要預防接種疫苗。

★ P.73

伊波拉病毒

是一種在非洲新發現的病毒。感染的患者大多死亡，還沒有治療的藥物。

★ P.75

SARS
冠狀病毒

中國南部發現的新型病毒，會引發嚴重肺炎。

★ P.75

登革熱病毒

經由蚊子傳染，引發「登革熱」的病毒。出現類似感冒的症狀和發疹。

★ P.75

鼻病毒

為引起感冒的病毒之一。患者咳嗽或是打噴嚏會傳染給周遭的人。

★ P.79

RS病毒

從嬰兒到小學生的兒童容易感染，引起支氣管炎等。

★ P.79

E型肝炎病毒

大多存在於不衛生的水中，從嘴巴進入人體而感染，引起肝臟發炎。

★ P.83

監修 長沼 毅（生物學家）

1961年生於日本三重縣。筑波大學研究所生物科學研究科畢業，理科博士。專攻深海生物學、微生物生態學。於廣島大學研究所生物圈科學研究科擔任教授，也是個爲尋找未知生物，足跡遍及全世界的探險家。綽號「科學界的印第安納瓊斯」。經常獲邀上電視、廣播節目，著作繁多。

插圖 HARAHi

以造型可愛的角色人物爲主，爲書籍、廣告、企業網站等繪製吉祥物，活躍於各領域的插畫家。

http://www.harahi.com

超圖解微生物圖鑑
生物學家教你認識人類不可或缺的鄰居

2020 年 12 月 1 日　初版第一刷發行

監　　修	長沼毅
插　　圖	HARAHi
譯　　者	陳佩君
編　　輯	魏紫庭
發 行 人	南部裕
發 行 所	台灣東販股份有限公司
	＜地址＞台北市南京東路4段130號2F-1
	＜電話＞(02)2577-8878
	＜傳眞＞(02)2577-8896
	＜網址＞http://www.tohan.com.tw
法律顧問	1405049-4
總 經 銷	蕭雄淋律師
	聯合發行股份有限公司
	＜電話＞(02)2917-8022

著作權所有，禁止翻印轉載。購買本書者，如遇缺頁或裝訂錯誤，請寄回調換（海外地區除外）。Printed in Taiwan

國家圖書館出版品預行編目 (CIP) 資料

超圖解微生物圖鑑：生物學家教你認識人類不可或缺的鄰居／長沼毅監修；陳佩君譯 . -- 初版 . -- 臺北市：臺灣東販股份有限公司，2020.12
96 面；18.2×23 公分
1. 微生物學　2. 通俗作品
ISBN 978-986-511-548-7（平裝）

109017342